역사 속으로의 수학여행

역사 속으로의 수학여행

초판 1쇄 발행 2022년 11월 20일
글쓴이 이강섭 펴낸이 김준연 편집 이부섭 본문 디자인 카리스북 이하늘 표지 디자인 구민재page9
펴낸곳 도서출판 단비 등록 2003년 3월 24일(제2012-000149호)
주소 경기도 고양시 일산서구 고양대로 724-17, 304-2503(일산동, 산들마을)
전화 02-322-0268 팩스 02-322-0271 전자우편 rainwelcome@hanmail.net
ⓒ 이강섭, 2022
ISBN 979-11-6350-068-1 03410 값 16,000원

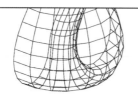

역사 속으로의 수학여행

이강섭 지음

단비
danbi

목차
CONTENTS

01
사이클로이드 곡선

사이클로이드 곡선
cycloid curve

사이클로이드(cycloid)는 바퀴(wheel)라는 뜻의 고대 그리스어(kuklos)에서 유래했으며, 직선 위에서 회전하는 바퀴에 놓인 한 점이 그리는 곡선을 말한다. 사이클로이드 곡선이란 이름을 처음 붙인 사람은 갈릴레오 갈릴레이(Galileo Galilei, 1564~1642)로 곡선 아랫부분의 넓이가 생성원의 넓이의 3배가 된다는 것을 직관적으로 알아냈다. 상세하게는 다음에 나올 '문제 1'에서 다룬다. 파스칼(Blaise Pascal, 1623~1662)은 잠을 못 이룰 정도로 극심한 두통에 시달렸는데 사이클로이드 곡선에 매료되어 두통을 잊고 이 곡선의 연구에 전념하였다. 하위헌스(Christiaan Huygens, 1629~1695)는 진자의 궤도가 호가 아닌 사이클로이드 곡선을 따라 움직이는, 즉 진자의 궤도가 등시곡선[1]이라는 것을 알아내고 이러한 성질을 이용하여 진자시계를 만들었다.

---

[1] 곡선상의 임의의 점에서 최하점까지 마찰저항 없이 미끄러져 떨어지는 데 걸리는 시간이 모두 같은 곡선, 진자운동의 궤도가 사이클로이드 곡선일 경우 진자의 길이와 상관없이 움직이는 시간이 같아진다.

스위스의 수학자이면서 베르누이 형제로 잘 알려진 야코프 베르누이(Jakob Bernoulli, 1654~1705)와 요한 베르누이(Johann Bernoulli, 1667~1748)도 사이클로이드 곡선에 많은 관심을 두고 있었으며 최단 강하 곡선[2]이라는 성질을 밝혀냈다.

특히, 요한 베르누이는 1689년 자기 스승인 라이프니츠와 미적분 문제로 적대관계였던 뉴턴을 시험하고자 하였다. 뉴턴에게만 문제를 제시하는 게 명분이 없어 당시 유명한 수학자들에게 똑같은 문제를 우편으로 보냈다. 자신이 연구한 사이클로이드 곡선 문제 즉, 최단 강하 곡선 문제로, 높이가 다른 임의의 두 점 사이를 물체가 내려올 때 걸리는 시간이 최소가 되는 경로를 구하는 문제였는데 정답을 보내온 사람은 라이프니츠, 야코프 베르누이, 로피탈, 그리고 익명으로 보낸 뉴턴이었다.

뉴턴은 성가시다며 12시간 만에 문제를 풀이하고 익명으로 풀이를 보냈다.

요한 베르누이는 그 풀이를 보고 "발톱만 보아도 그가 사자임을 알 수 있었다"라고 말했는데 이는 아직도 사이클로이드 곡선과 관련된 일화 중 많이 언급되는 유명한 이야기이다. 베르누이 형제는 라이프니츠의 제자로 라이프니츠의 충견이라는 말이 돌 정도였고, 로피탈 역시 요한 베르누이의 제자인걸 감안하면 뉴턴이 느꼈을 분위기를 알 수 있을 것 같다.

베르누이 가문은 네덜란드에서 스페인의 개신교 박해를 피해 스위스로 피신해왔다. 17~8세기 3대에 거쳐 유명한 수학자 8명을 배출하였고, 그중 야코프 베르누이, 요한 베르누이, 다니엘 베르누이는 수학사에 큰 영향을 미친 인물이다. 이 가문의 자손들은 현재까지도 수학뿐 아니라 각 분야에서 명성을 떨치고 있다. 다윈의 진화론이 대두되

---

2 2차원상에 주어진 두 점을 잇는 곡선 중에서 두 점 중 높은 곳에 물체를 올려뒀을 때 가장 빨리 낮은 곳으로 내려가는 곡선.

고 유전자에 관한 관심이 높아짐에 따라 당시 생물학자들은 앞다투어 이 천재적인 가문의 유전자를 조사하고 연구하였다.

사이클로이드 곡선은 수학에서 불화의 사과, 또는 기하학의 헬렌(Helen of geometry)으로 불린다.

사과는 아담과 이브에서 선악과, 트로이 전쟁에서 황금사과, 뉴턴의 사과, 폴 세잔의 사과3, 앨런 튜링4의 청산가리 사과 등 역사에 많이 등장하는데, 불화의 원인이 되는 경우가 많았다.

야코프 베르누이가 사이클로이드 곡선의 성질에 관하여 오랫동안 연구하였는데 동생인 요한 베르누이가 자신보다 늦게 연구를 시작하여 사이클로이드 곡선이 최단 강하 곡선임을 밝혀내고 이를 발표하였다. 그런데 증명에 오류가 있었고 후에 수정한 증명에 야코프 베르누이는 자신의 증명을 도용한 것이라며 노발대발하며 동생과 의절하고 평생 원수처럼 지내게 되는데, 그 노여움이 얼마나 컸는지 동생 요한이 일자리가 없어 교수직을 얻으려고 할 때마다 형 야코프의 방해로 교수직을 얻지 못하였다. 이 때문에 요한은 경제적으로 많은 어려움을 겪게 되었고, 이러한 사정을 알게 된 프랑스 수학자였던 로피탈 후작(Guillaume de l'Hôpital)이 요한 베르누이에게 경제적인 지원을 해주는 조건으로 어떤 의문이나 문제가 생길 때마다 시간을 내줄 것과 새롭게 발견한 사실에 대하여 다른 사람에게 알리지 말고 자신에게만 알려달라고 요구하였다. 궁핍하였던 요한 베르누이는 이러한 조건을 받아들였다. 이 무렵 요한 베르누이는 로피탈 정리를 발견하였고, 약속한 대

---

3 저명한 프랑스의 작가 에밀 졸라가 폴 세잔에게 사과를 많이 갖다주어 세잔이 사과를 대상으로 한 정물화를 명암기법을 이용하여 입체적으로 그렸으며 후에 피카소 등 입체파에 영향을 주었다.

4 영국의 수학자이자 물리학자. 제2차 세계대전 당시 독일의 암호기 에니그마(Enigma)를 해독하기 위하여 콜로서스라는 세계 최초의 컴퓨터를 개발하여 암호를 해독하여 연합군이 승리하는 데 큰 역할을 함. 인공지능(AI) 개념을 처음으로 생각하고 이를 실현하고자 함. 영화 「이미테이션 게임(The Imitation Game)」은 이를 소재로 한 영화임. 청산가리가 든 사과를 먹고 생을 마감함.

로 이 내용을 로피탈에게만 알렸다. 1694년 로피탈은 그의 저서 『곡선을 이해하기 위한 무한소 해석』에서 로피탈 정리를 소개하여 지금까지 로피탈 정리란 이름으로 불리게 되었다. 이러한 사실을 알고 요한 베르누이 또한 몹시 분노하였다. 경제적인 어려움을 겪어서인지 훗날 아들 다니엘 베르누이에게 사업할 것을 권하기도 하였다.

요한 베르누이에게 야코프 베르누이는 자신에게 수학을 가르친 스승과 같은 존재였다. 하지만 사이클로이드 곡선의 성질로 인해 당대 수학계의 두 거장이 다투게 되고, 이 때문에 평생 원수처럼 지내게 되어 사이클로이드 곡선을 수학에서 불화의 사과라고 불리게 되었다.

또한 이 곡선의 매력에 많은 수학자가 현혹되어 그리스 최고의 미녀이자 트로이 전쟁이란 불화의 원인이 된 헬렌의 이름을 따 기하학의 헬렌이라고도 불린다.

1) 사이클로이드 곡선의 방정식

[그림 1-1]과 같이 반지름이 a인 원을 오른쪽 방향으로 굴린다고 하자. 중심각을 θ라고 할 때 점 p의 자취의 방정식은

$$x = a(\theta - \sin\theta)$$
$$y = a(1 - \cos\theta)$$이다.

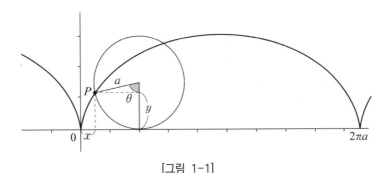

[그림 1-1]

그러면, 점 p의 자취 방정식이 $\begin{cases} x = a(\theta - \sin\theta) \\ y = a(1 - \cos\theta) \end{cases}$ 임을 먼저 알아

보자.

[그림 1-2] 와 같이 점 p의 위치를 p'으로 나타낼 수 있다.

[그림 1-2]에서 $x = \overline{PH'}$

$\qquad\qquad\qquad = \overline{PH} - \overline{HH'}$

$\qquad\qquad\qquad = \overparen{P'H} - \overline{HH'}$

$\qquad\qquad\qquad = a\theta - a\sin\theta$

$\qquad\qquad\qquad = a(\theta - \sin\theta)$

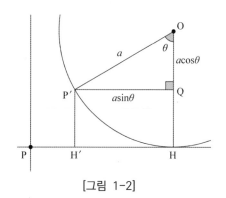

[그림 1-2]

마찬가지로 $y = \overline{P'H'}$

$\qquad\qquad\quad = \overline{QH}$

$\qquad\qquad\quad = \overline{OH} - \overline{OQ}$

$\qquad\qquad\quad = a - a\cos\theta$

$\qquad\qquad\quad = a(1 - \cos\theta)$

문제 1

[그림 1-1]에서 $0 \leq \theta \leq 2\pi$에서 반지름이 a인 원 위의 점 p가 움직인 중심각을 θ라고 할 때 다음 물음에 답하여라.

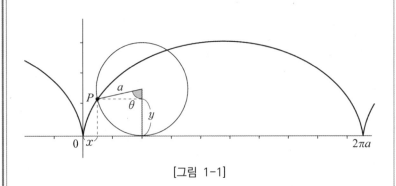

[그림 1-1]

(1) 점 p가 움직인 곡선의 길이를 구하여라.

풀이 $x = a(\theta - \sin\theta)$, $y = a(1 - \cos\theta)$에서

곡선의 길이 $l = \displaystyle\int_{\alpha}^{\beta} \sqrt{(\frac{dx}{d\theta})^2 + (\frac{dy}{d\theta})^2}\, d\theta$ 이고, $0 \leq \theta \leq 2\pi$ 이므로

$$\frac{dx}{d\theta} = a(1 - \cos\theta),\ \frac{dy}{d\theta} = a\sin\theta$$

따라서,

$$l = \int_{0}^{2\pi} \sqrt{(\frac{dx}{d\theta})^2 + (\frac{dy}{d\theta})^2}\, d\theta$$

$$= a \int_{0}^{2\pi} \sqrt{2(1 - \cos\theta)}\, d\theta$$

$\sin^2\dfrac{\theta}{2} = \dfrac{1 - \cos\theta}{2}$ 이므로

$$= a \int_{0}^{2\pi} \sqrt{4\sin^2\frac{\theta}{2}}\, d\theta$$

$$= 2a \int_0^{2\pi} \left| \sin \frac{\theta}{2} \right| d\theta$$

$0 \le \dfrac{\theta}{2} \le \pi$에서 $\sin \dfrac{\theta}{2} \ge 0$이므로

$$= 2a \int_0^{2\pi} \sin \frac{\theta}{2} d\theta$$

$$= 4a \left[-\cos \frac{\theta}{2} \right]_0^{2\pi}$$

$$= 8a$$

즉, 원이 1회전 할 때 사이클로이드 곡선의 길이는 지름($2a$)의 4배가 된다.

(2) 점 p의 자취가 x축과 이루는 넓이를 구하여라.

풀이

ⅰ) 적분을 이용한 방법이다.

곡선의 방정식 $\begin{cases} x = a(\theta - \sin\theta) & (0 \le \theta \le 2\pi) \\ y = a(1 - \cos\theta) & (0 \le \theta \le 2\pi) \end{cases}$ 에서

곡선이 x축과 이루는 넓이는

$$\int_0^{2\pi a} y \, dx$$

$$= \int_0^{2\pi} a(1 - \cos\theta) \{ a(1 - \cos\theta) \} d\theta$$

$$(\because dx = a(1 - \cos\theta) d\theta)$$

$$= a^2 \int_0^{2\pi} (1 - 2\cos\theta + \cos^2\theta) d\theta$$

$$= a^2 \int_0^{2\pi} (1 - 2\cos\theta + \frac{1 + \cos 2\theta}{2}) d\theta$$

$$= a^2 \left[\theta - 2\sin\theta + \frac{1}{2}\theta + \frac{1}{4}\sin 2\theta \right]_0^{2\pi}$$

$$= 3\pi a^2$$

즉, 사이클로이드 곡선의 넓이는 갈릴레오가 직관적으로 알아냈다는 원의 넓이

의 3배가 되는 것을 알 수 있다.

ii) 카발리에리의 원리를 이용한 방법

1634년 프랑스의 수학자 로베르발(Gilles de Roberval)이 사이클로이드의 넓이를 카발리에리의 원리를 이용하여 구하는 방법을 생각해낸다. 이를 로베르발의 증명이라 한다. 카발리에리의 원리는 6장 3) 카발리에리의 원리(104쪽)를 참고하라.

[그림 1-3]에서 반지름이 a인 원이 굴러갈 때, 점 A가 그리는 두 개의 사이클로이드 곡선에서 $\overline{AB}$, $\overline{EF}$가 평행임을 먼저 보인다.

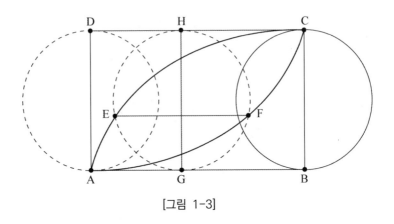

[그림 1-3]

[그림 1-4]에서 원이 각 t만큼 굴러가면 반지름이 a이므로

$$\widehat{EG} = \overline{AG} = at, \ \widehat{CB} = \overline{AB} = \pi a \text{이므로}$$

$$\overline{GB} = \overline{AB} - \overline{AG} = \pi a - ta = (\pi - t)a,$$

$$\overline{GB} = \widehat{HC} = \widehat{HF} = (\pi - t)a$$

$$\angle HOF = \pi - t$$

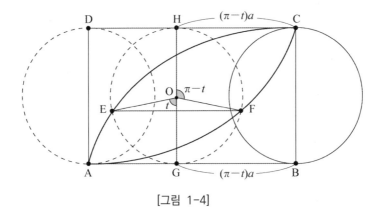

[그림 1-4]

따라서,

$\angle FOG = t$이고, $\angle FOG = \angle EOG$

$\triangle OEF$는 이등변 삼각형이므로 $\angle EOF$ 이등분선인 $\overline{OG}$는 $\overline{EF}$와 $\overline{AB}$에 수직

즉, $\overline{EF} \, // \, \overline{AB}$

$\overline{EF} \, // \, \overline{AB}$이므로 원과 두 사이클로이드 곡선이 이루는 도형은 선분 $\overline{EF}$를 공통 현으로 갖는다.

[그림 1-5]에서 $\overline{KL} = \overline{EF}$ 따라서, 카발리에리의 원리에 의해 두 도형의 넓이도 같아진다.

즉, (원의 넓이)=(두 개의 사이클로이드 곡선으로 둘러싸인 도형의 넓이)$=\pi a^2$

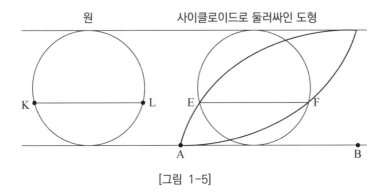

원 　　　　　　사이클로이드로 둘러싸인 도형

[그림 1-5]

[그림 1-6]에서 반지름의 길이 a일 때, 두 개의 사이클로이드 곡선이 이루는 넓이의 반은 $\dfrac{\pi a^2}{2}$, $\triangle ABC$ 의 넓이는 πa^2 이므로

하나의 사이클로이드 곡선이 x축과 이루는 넓이는 $2(\dfrac{\pi}{2}a^2 + \pi a^2) = 3\pi a^2$

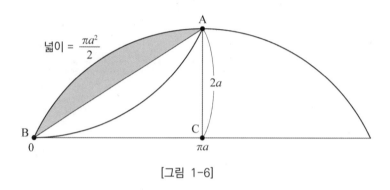

넓이 $= \dfrac{\pi a^2}{2}$

[그림 1-6]

2) 실생활에서의 사이클로이드 곡선

놀이동산에서의 롤러코스터, 워터슬라이드를 설계할 때 사이클로이드 곡선의 성질이 많이 이용된다. 또, 독수리가 먹이 사냥할 때 낙하곡선, 물고기가 물의 흐름을 빠르게 하기 위한 비늘 모양이 사이클로이드 곡선으로 알려져 있다. 우리 선조들은 목조건물에 물이 고여 썩는 걸 방지하고자 기와에 빗물이 빨리 내려가도록 하였는데 기와의 곡선도 사이클로이드 곡선이다. 자동차 감속기는 손실률을 줄이기 위해 에피사이클로이드 곡선 모양으로 만들어진다.

사이클로이드 곡선의 성질은 진자운동에도 많은 영향을 주었으며 일상생활 속에서 많이 활용되고 있다.

문제 2

아스트로이드 곡선(Astroid curve)은 하이포사이클로이드 곡선의 한 종류로 별 모양이라는 뜻에서 아스트로이드라는 이름이 붙여진 곡선이다.

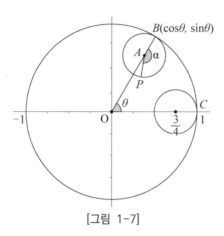

[그림 1-7]

[그림 1-7]과 같이 중심이 원점이고 반지름이 1인 고정된 원 O와 원 O의 안쪽으로 내접해서 구르는 원 A의 중심이 $(\frac{3}{4}, 0)$이고, 반지름이 $\frac{1}{4}$이다. 양의 x축과 중심선이 이루는 각을 θ라 할 때, 원 A 위의 한 점 P가 그리는 곡선의 자취에 대하여 다음 물음에 답하시오.
(단, 점 P의 처음 출발점은 $(1, 0)$이다.)
(중심선이란 원 O의 중심과 구르는 원 A의 중심을 잇는 선)

(1) 점 P의 자취를 θ에 대한 함수 $P(\theta)$로 나타낼 때 $P(\theta) = (\cos^3\theta, \sin^3\theta)$ 임을 보여라.

풀이 점 $B(\cos\theta, \sin\theta)$, 원 A의 중심 A의 좌표는 $(\frac{3}{4}\cos\theta, \frac{3}{4}\sin\theta)$이다.

원 O의 반지름이 1이고 호 $\overset{\frown}{BC}$의 중심각이 θ이므로 $\overset{\frown}{BC} = \theta$

원 A의 반지름이 $\frac{1}{4}$이고 호 $\overset{\frown}{BP}$의 중심각을 α라 하면 $\overset{\frown}{BP} = \frac{1}{4}\alpha$

$\overset{\frown}{BC} = \overset{\frown}{BP}$ 이므로 $\theta = \dfrac{1}{4}\alpha$ $\therefore$ $\alpha = 4\theta$

구하는 점 P의 좌표를 $(x,\,y)$라 하면, 점 $P(x,\,y)$는 점 $B\,(\cos\theta,\,\sin\theta)$를 점 A를 중심으로 -4θ만큼 회전시킨 점이다.

$$\begin{aligned}
\overrightarrow{AB} &= \overrightarrow{OB} - \overrightarrow{OA}\\
&= (\cos\theta - \frac{3}{4}\cos\theta,\ \sin\theta - \frac{3}{4}sin\theta)\\
&= (\frac{1}{4}\cos\theta,\ \frac{1}{4}sin\theta)
\end{aligned}$$

벡터 $\overrightarrow{AB} = (\dfrac{1}{4}\cos\theta,\ \dfrac{1}{4}\sin\theta)$를 원점을 중심으로 -4θ만큼 회전시킨

벡터의 종점을 $(m,\,n)$이라 하면

$$\begin{aligned}
\begin{pmatrix} m \\ n \end{pmatrix} &= \begin{pmatrix} \cos(-4\theta) & -\sin(-4\theta) \\ \sin(-4\theta) & \cos(-4\theta) \end{pmatrix} \begin{pmatrix} \dfrac{1}{4}cos\theta \\ \dfrac{1}{4}sin\theta \end{pmatrix}\\[2em]
&= \begin{pmatrix} \dfrac{1}{4}\cos4\theta\cos\theta + \dfrac{1}{4}\sin4\theta\sin\theta \\ -\dfrac{1}{4}\sin4\theta\cos\theta + \dfrac{1}{4}\cos4\theta\sin\theta \end{pmatrix}\\[2em]
&= \begin{pmatrix} \dfrac{1}{4}(\cos4\theta\cos\theta + \sin4\theta\sin\theta) \\ -\dfrac{1}{4}(\sin4\theta\cos\theta - \cos4\theta\sin\theta) \end{pmatrix}\\[2em]
&= \begin{pmatrix} \dfrac{1}{4}\cos3\theta \\ -\dfrac{1}{4}\sin3\theta \end{pmatrix} \text{이므로}
\end{aligned}$$

$$\overrightarrow{AP} = \frac{1}{4}(\cos3\theta,\,-\sin3\theta)$$

$\overrightarrow{OP} = \overrightarrow{OA} + \overrightarrow{AP}$ 에서

$$\begin{aligned}
(x,\,y) &= (\frac{3}{4}\cos\theta,\ \frac{3}{4}\sin\theta) + \frac{1}{4}(\cos3\theta,\,-\sin3\theta)\\
&= (\frac{3}{4}\cos\theta + \frac{1}{4}\cos3\theta,\ \frac{3}{4}\sin\theta - \frac{1}{4}\sin3\theta)
\end{aligned}$$

3배각 공식 $\sin3\theta = 3\sin\theta - 4\sin^3\theta$, $\cos3\theta = 4\cos^3\theta - 3\cos\theta$에 의해

$$= (\cos^3\theta, \sin^3\theta)$$

◆ 회전변환

반지름이 r인 원 O 위의 점 $A(x,\ y)$를 원점을 중심으로 시계 반대 방향으로 α만큼 회전한 점을 $A'(x', y')$라 하면 $\begin{pmatrix} x' \\ y' \end{pmatrix} = \begin{pmatrix} \cos\alpha & -\sin\alpha \\ \sin\alpha & \cos\alpha \end{pmatrix}\begin{pmatrix} x \\ y \end{pmatrix}$의 관계가 있다.

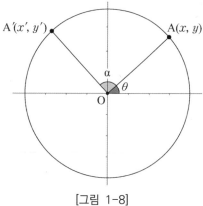

[그림 1-8]

증명 삼각함수 정의에 의해

$x = r\cos\theta$, $y = r\sin\theta$이고,

$x' = r\cos(\theta + \alpha)$,

$y' = r\sin(\theta + \alpha)$이므로

$x' = r\cos(\theta + \alpha)$

$\quad = r\cos\theta\cos\alpha - r\sin\theta\sin\alpha = x\cos\alpha - y\sin\alpha$

$y' = r\sin(\theta + \alpha)$

$\quad = r\sin\theta\cos\alpha + r\cos\theta\sin\alpha = x\sin\alpha + y\cos\alpha$

따라서, $\begin{pmatrix} x' \\ y' \end{pmatrix} = \begin{pmatrix} \cos\alpha & -\sin\alpha \\ \sin\alpha & \cos\alpha \end{pmatrix}\begin{pmatrix} x \\ y \end{pmatrix}$이다.

(2) $0 \leq \theta \leq 2\pi$일 때, 점 P의 자취로 이루어진 곡선의 개형을 그려라.

풀이 $x = \cos^3\theta$, $y = \sin^3\theta$에서

$x = 1$이면 $\theta = 0$또는 2π 따라서 $y = 0$, 점 $(1, 0)$을 지난다.

$x = 0$이면 $\theta = \dfrac{\pi}{2}$ 또는 $\dfrac{3}{2}\pi$

$\theta = \dfrac{\pi}{2}$이면, $y = 1$이므로 점 $(0, 1)$을 지난다.

$\theta = \dfrac{3\pi}{2}$이면, $y = -1$이므로 점 $(0, -1)$을 지난다.

$x = -1$이면 $\theta = \pi$ 따라서 $y = 0$, 점 $(-1, 0)$을 지난다.

$-3\cos^2\theta\sin\theta \neq 0$ 일 때

$$\frac{dy}{dx} = \frac{\dfrac{dy}{d\theta}}{\dfrac{dx}{d\theta}} = \frac{3\sin^2\theta\,\cos\theta}{-3\cos^2\theta\,\sin\theta} = -\tan\theta$$

① $\dfrac{dy}{dx} = -\tan\theta = 0$ 일 때

  $\theta = 0,\ \theta = \pi,\ \theta = 2\pi$

  그러나,

  $\dfrac{dx}{d\theta} = -3\cos^2\theta\sin\theta\,d\theta \neq 0$ 이어야 하므로

  $\theta \neq 0, \dfrac{\pi}{2}, \pi, \dfrac{3}{2}\pi, 2\pi,$

  따라서, $\dfrac{dy}{dx} = -\tan\theta = 0$ 인 조건을 만족하는 점이 존재하지 않는다.

  즉, $\theta = 0, \dfrac{\pi}{2}, \pi, \dfrac{3}{2}\pi, 2\pi$ 에서 미분 가능하지 않다.

② $\dfrac{dy}{dx} = -\tan\theta > 0$ 일 때,

  $\dfrac{\pi}{2} < \theta < \pi,\ \ \dfrac{3}{2}\pi < \theta < 2\pi\ \therefore$ 증가 상태

③ $\dfrac{dy}{dx} = -\tan\theta < 0$ 일 때,

  $0 < \theta < \dfrac{\pi}{2},\ \pi < \theta < \dfrac{3}{2}\pi\ \ \therefore$ 감소 상태

④ $\displaystyle\lim_{\theta \to +0}\frac{dy}{dx} = \lim_{\theta \to +0}(-\tan\theta) = -0$

⑤ $\displaystyle\lim_{\theta \to \frac{\pi}{2}-0}\frac{dy}{dx} = \lim_{\theta \to \frac{\pi}{2}-0}(-\tan\theta) = -\infty$

⑥ 점 $P(x, y) = P(\cos^3\theta, \sin^3\theta)$ 은 x축, y축, 원점에 대해서 대칭이다.

  따라서, [그림 1-9] 형태의 자취가 그려진다.

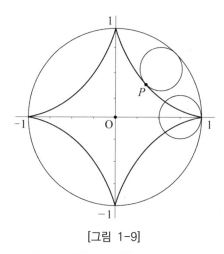

[그림 1-9]

(3) $0 \leq \theta \leq \pi$일 때, 점 P의 자취로 이루어진 곡선의 길이를 구하시오.

풀이 곡선의 길이를 l이라 하면

$$l = 2 \int_0^{\frac{\pi}{2}} \sqrt{(\frac{dx}{d\theta})^2 + (\frac{dy}{d\theta})^2} \, d\theta$$

$$= 2 \int_0^{\frac{\pi}{2}} 3\sin\theta \cos\theta \, d\theta$$

let $\sin\theta = t$, $\cos\theta \, d\theta = dt$

$$= 2 \int_0^1 3t \, dt = 3$$

별해 $l = 2 \int_0^{\frac{\pi}{2}} \sqrt{(\frac{dx}{d\theta})^2 + (\frac{dy}{d\theta})^2} \, d\theta$

$$= 2 \int_0^{\frac{\pi}{2}} 3|\sin\theta \cos\theta| \, d\theta = 3 \int_0^{\frac{\pi}{2}} \sin 2\theta \, d\theta = -\frac{3}{2} [\cos 2\theta]_0^{\frac{\pi}{2}} = 3$$

(4) $0 \leq \theta \leq \pi$일 때, 점 P의 자취로 이루어진 곡선을 x축으로 회전시켜서 얻은 회전체의 부피를 구하시오.

풀이 회전체의 부피 ; $V = 2 \displaystyle\int_0^1 \pi y^2 dx$

$$= 2 \int_0^1 \pi \sin^6\theta \, dx$$

$$= 2 \int_{\frac{\pi}{2}}^0 \pi \sin^6\theta \, (-3\cos^2\theta \sin\theta \, d\theta)$$

$$= 6\pi \int_0^{\frac{\pi}{2}} \sin^7\theta \cos^2\theta \, d\theta$$

여기서 「$\sin^7\theta = \sin\theta \times (\sin^2\theta)^3$

$$= \sin\theta (1-\cos^2\theta)^3$$

$$= \sin\theta (1-3\cos^2\theta + 3\cos^4\theta - \cos^6\theta)$$」이므로

$$= 6\pi \int_0^{\frac{\pi}{2}} \sin\theta \, (\cos^2\theta - 3\cos^4\theta + 3\cos^6\theta - \cos^8\theta) d\theta$$

「let $\cos\theta = t$, $-\sin\theta \, d\theta = dt$, $\cos\frac{\pi}{2} \to 0$, $\cos 0 \to 1$」

$$= 6\pi \int_0^1 (t^2 - 3t^4 + 3t^6 - t^8) dt$$

$$= 6\pi \left[\frac{t^3}{3} - \frac{3t^5}{5} + \frac{3t^7}{7} - \frac{t^9}{9} \right]_0^1$$

$$= 6\pi (\frac{1}{3} - \frac{3}{5} + \frac{3}{7} - \frac{1}{9}) = \frac{32}{105}\pi$$

02
바젤문제

바젤문제

바젤문제(Basel problem)는 1650년 이탈리아 수학자 피에트로 멩골리(Pietro Mengoli)에 의해 제기되었다. 당시에는 관심을 끌지 못하다가 스위스 바젤시의 바젤대학에 재직하던 야코프 베르누이에 의해 다시 제기되어 관심을 끌게 되었다. 바젤대학에서 유래되었다고 하여 바젤문제라는 이름과 함께 세상의 관심을 받게 되었다.

당시 수학계는 조화급수에 관심이 높았던 시기이다. 베르누이 형제는 2보다 작은 수라는 것은 알았지만 그 값이 얼마인지는 구하지 못하였다. 라이프니츠 역시 그 값을 구하지 못하였다. 이 문제는 무려 80여년 동안 많은 수학자가 해결하지 못한 난제였으나 요한 베르누이의 제자였던 스위스의 무명 젊은 수학자 레온하르트 오일러(Leonhard Euler, 1707~1783)는 이 문제를 증명하면서 유명해졌다.

베토벤은 청력을 잃은 후에도 「합창」 교향곡을 작곡하였고, 「달과 6펜스」라는 소설에도 잘 나타나 있듯이 화가 폴 고갱도 시력을 잃은 후에도 남태평양의 작은 섬 타히티에서 그림을 그려 유명한 작품을 많이 남겼다. 오일러 역시 두 눈의 시력을 잃은 후에도 17년 동안이나 연구 활동을 멈추지 않고 많은 업적을 남긴다.

우리나라 중학교 수학 교과서에 나오는 '쾨니히스베르크의 다리' 문제1는 당시 유럽에서 많은 화제가 되었는데 내용이 어렵지 않아 정치인, 경제인, 문학인, 연예인 등 유명 인사들까지 자기 생각을 신문에 게재하면서 갑론을박(甲論乙駁)을 벌였다. 결론이 나지 않자 사람들은 이미 유명해진 오일러가 결론을 내줄 것을 기대하였고, 오일러는 7개의 다리를 한 번씩 차례대로 건넌다는 건 불가능하다는 것을 수학적으로 증명하여 논쟁의 막을 내렸다. 이 내용은 한붓그리기로 발전되었고, 오일러가 이 내용을 연구하면서 위상기하학의 서막이 열리게 되었다.

또, 페르마의 마지막 정리로 유명한 프랑스의 변호사이자 수학자인 페르마(Pierre de Fermat)는 자신이 연구한 내용을 증명 없이 발표한 경우가 많았는데, 오일러는 이러한 증명 없는 것들을 골드바흐(Christian Goldbach)2가 부추기면서 페르마가 제시한 많은 수학 내용을 증명하였다. 이런 이유로 한때 제시한 사람의 업적으로 볼 것인지 아니면 증명한 사람의 업적으로 볼 것인지에 대한 논란이 일기도 하였다. 하지만 페르마의 마지막 정리는 1995년 영국의 수학자 앤드류 와일즈(Andrew John Wiles)에 의해 증명되었다. 오일러 역시 증명을 시도하였지만, 부분적인 증명만 하였을 뿐 완전한 증명은 하지 못하였다.

3대 수학자로 아르키메데스, 뉴턴, 가우스를 꼽는데 그다음 순위로 많은 사람이 오일러를 꼽을 정도로 오일러는 수학사에 엄청난 영향을 끼쳤다.

바젤문제는 $1 + \dfrac{1}{4} + \dfrac{1}{9} + \dfrac{1}{16} + \cdots$ 의 극한값을 구하는 문제이다.

테일러 급수(8장 2 테일러 급수, 146쪽 참고)를 이용하면

---

1 프로이센의 쾨니히스베르크(현재 러시아 칼리닌그라드)에 있는 7개의 다리를 한 번만 건너면서 처음 시작한 위치로 돌아올 수 있는가의 문제.

2 골드바흐(Christian Goldbach. 1690~1764)는 미해결된 난제 골드바흐의 추측을 제시한 인물로 소설 『사람들이 미쳤다고 말한 외로운 수학 천재 이야기(Uncle Petros and Goldbach's Conjecture)』로 일반 대중에게도 많이 알려짐.

$$\sin x = x - \frac{x^3}{3!} + \frac{x^5}{5!} - \frac{x^7}{7!} + \cdots$$

$$\text{let } f(x) = 1 - \frac{x^2}{3!} + \frac{x^4}{5!} - \frac{x^6}{7!} + \cdots$$

$f(x)$는 $f(0) = 1$인 무한 다항식이다.

$x \neq 0$ 이라면

$$f(x) = x \left(\frac{1 - \dfrac{x^2}{3!} + \dfrac{x^4}{5!} - \dfrac{x^6}{7!} + \cdots}{x} \right)$$

$$= \frac{x - \dfrac{x^3}{3!} + \dfrac{x^5}{5!} - \dfrac{x^7}{7!} + \cdots}{x}$$

$$= \frac{\sin x}{x}$$

여기서 $x \neq 0$ 이므로 $f(x) = 0$ 이 되기 위해서는 $\sin x = 0$ 이 되어야 한다.

따라서, $x = \pm\pi, \pm 2\pi, \pm 3\pi, \cdots$

이제 $f(0) = 1$ 이고 $x = \pm\pi, \pm 2\pi, \pm 3\pi, \cdots$를 해로 갖는 무한 다항식은 다음과 같이 쓸 수 있다.

$$f(x) = (1 - \frac{x}{\pi})(1 + \frac{x}{\pi})(1 - \frac{x}{2\pi})(1 + \frac{x}{2\pi})(1 - \frac{x}{3\pi})(1 + \frac{x}{3\pi}) \cdots$$

로 표현되는데 이 표현은 직관적이지만 대단한 발상이다. 이 발상은 오일러의 곱셈 정리로 발전되고 제타 함수로 정의되면서 리만 가설의 중요한 함수가 된다.

$$= (1 - \frac{x^2}{\pi^2})(1 - \frac{x^2}{4\pi^2})(1 - \frac{x^2}{9\pi^2}) \cdots$$

$$= 1 - (\frac{1}{\pi^2} + \frac{1}{4\pi^2} + \frac{1}{9\pi^2} + \cdots)x^2 + (\cdots)x^4 - \cdots$$

결국

$$1 - \frac{x^2}{3!} + \frac{x^4}{5!} - \frac{x^6}{7!} + \cdots = 1 - (\frac{1}{\pi^2} + \frac{1}{4\pi^2} + \frac{1}{9\pi^2} + \cdots)x^2 + (\cdots)x^4 - \cdots$$

양변의 x^2의 계수를 비교하면

$$-\frac{1}{3!} = -(\frac{1}{\pi^2} + \frac{1}{4\pi^2} + \frac{1}{9\pi^2} + \cdots)$$

따라서

$$1 + \frac{1}{4} + \frac{1}{9} + \frac{1}{16} + \cdots = \frac{\pi^2}{6}$$

그러면 바젤문제를 이용하여 다음 문제를 풀어보자.

문제 1

$1 + \frac{1}{9} + \frac{1}{25} + \cdots$ 의 값을 구하여라.

풀이 바젤문제에서 $1 + \frac{1}{4} + \frac{1}{9} + \frac{1}{16} + \cdots = \frac{\pi^2}{6}$임을 알았다.

그러면

$1 + \frac{1}{9} + \frac{1}{25} + \cdots$

$= 1 + \frac{1}{4} + \frac{1}{9} + \frac{1}{16} + \frac{1}{25} + \cdots - (\frac{1}{4} + \frac{1}{16} + \frac{1}{36} + \cdots)$

$= \frac{\pi^2}{6} - \frac{1}{4}\frac{\pi^2}{6}$

$= \frac{3}{4}\frac{\pi^2}{6}$

$= \frac{\pi^2}{8}$

바젤문제 $1 + \dfrac{1}{4} + \dfrac{1}{9} + \dfrac{1}{16} + \cdots = \dfrac{\pi^2}{6}$ 를 기하학적으로 보면

$\dfrac{\pi^2}{6}$ 은 원의 넓이를 나타내고 있고 $1, 4, 9, 16, \cdots$ 은 정사각형의 넓이를 나타내고 있다.

즉, 정사각형 넓이의 역수의 합이 원의 넓이가 되었음을 알 수 있다.

바젤문제로 오일러의 명성은 높아졌지만 오일러는 이에 만족하지 않고 다음과 같은 사실을 더 밝혀낸다.

$x \neq 0$ 일 때 $\dfrac{\sin x}{x}$ 를 무한 곱으로 표현한

$(1 - \dfrac{x^2}{\pi^2})(1 - \dfrac{x^2}{4\pi^2})(1 - \dfrac{x^2}{9\pi^2}) \cdots$ 에서

$\sin x$ 의 값은 $x = \dfrac{\pi}{2}$ 일 때 최댓값 1을 갖는다.

$x = \dfrac{\pi}{2}$ 를 대입하면

$$\dfrac{\sin \dfrac{\pi}{2}}{\dfrac{\pi}{2}} = \left(1 - \dfrac{\left(\dfrac{\pi}{2}\right)^2}{\pi^2}\right)\left(1 - \dfrac{\left(\dfrac{\pi}{2}\right)^2}{4\pi^2}\right)\left(1 - \dfrac{\left(\dfrac{\pi}{2}\right)^2}{9\pi^2}\right)\left(1 - \dfrac{\left(\dfrac{\pi}{2}\right)^2}{16\pi^2}\right) \cdots$$

$$\dfrac{1}{\dfrac{\pi}{2}} = \left(1 - \dfrac{1}{4}\right)\left(1 - \dfrac{1}{16}\right)\left(1 - \dfrac{1}{36}\right)\left(1 - \dfrac{1}{64}\right) \cdots$$

$$\dfrac{2}{\pi} = \left(\dfrac{3}{4}\right)\left(\dfrac{15}{16}\right)\left(\dfrac{35}{36}\right)\left(\dfrac{63}{64}\right) \cdots$$

역수를 취해 $\dfrac{\pi}{2} = \dfrac{2 \times 2 \times 4 \times 4 \times 6 \times 6 \times 8 \times 8 \times \cdots}{1 \times 3 \times 3 \times 5 \times 5 \times 7 \times 7 \times 9 \times \cdots}$

이것은 $\dfrac{\pi}{2}$ 를 분자는 짝수를 분모는 홀수의 곱으로 나타낸 것인데 1650년에 영국 월리스(John Wallis, 1616~1703)가 매우 다른 방법으로

유도해냈던 식이다. 오일러는 월리스의 식을, 그가 증명한 정리를 이용하여 쉽게 유도한 것이다.

오일러는

$$1 + \frac{1}{4} + \frac{1}{9} + \frac{1}{16} + \ \cdots$$

를 이용하여 짝수 제곱의 역수의 합인

$$\frac{1}{4} + \frac{1}{16} + \frac{1}{36} + \frac{1}{64} + \ \cdots \ + \frac{1}{(2k)^2} + \ \cdots \ \text{에서}$$

$$= \frac{1}{4}\left(1 + \frac{1}{4} + \frac{1}{9} + \frac{1}{16} + \ \cdots \ \right) = \frac{1}{4}\left(\frac{\pi^2}{6}\right) = \frac{\pi^2}{24} \ \text{임을 알 수 있다.}$$

제곱의 역수의 합은 $\frac{\pi^2}{6}$ 이 되어 π^2 과 관계있고 4제곱의 역수의 합은 $\frac{\pi^4}{90}$ 이 되어 π^4 과 관계있는 것을 알게 된다.

6제곱의 역수의 합은

$$1 + \frac{1}{64} + \frac{1}{729} + \frac{1}{4096} + \ \cdots \ + \frac{1}{k^6} + \cdots \ = \frac{\pi^6}{945}$$

26제곱의 역수의 합은

$$1 + \frac{1}{2^{26}} + \frac{1}{3^{26}} + \frac{1}{4^{26}} + \ \cdots \ + \frac{1}{k^{26}} + \cdots \ = \frac{1315862}{11094481976030578125}\pi^{26}$$

이 된다.

짝수 지수의 역수의 합은 위에서 보듯 구할 수 있는데 홀수 지수의 역수의 합, 예를 들어 지수가 3인 경우

$$1 + \frac{1}{2^3} + \frac{1}{3^3} + \frac{1}{4^3} + \ \cdots \ + \frac{1}{k^3} + \cdots = 1 + \frac{1}{8} + \frac{1}{27} + \frac{1}{64} + \ \cdots$$

이 급수의 합에 대해서 오일러는 침묵으로 일관한다. 그 이후 300

여 년이 지난 오늘날까지 이것에 관한 수학적 연구는 별다른 진전을 보이지 못하고 있다. 지수가 짝수인 경우와 마찬가지로 이 무한급수의 합은 $\left(\dfrac{p}{q}\right)\pi^3$ 꼴의 극한값을 갖는다고 예측해 볼 수는 있지만 이 예측이 맞는지 현재까지 알 수 없다.

오일러는

1보다 큰 임의의 실수 s에 대하여

$\zeta(s) = \displaystyle\sum_{n=1}^{\infty} n^{-s} = \dfrac{1}{1^s} + \dfrac{1}{2^s} + \dfrac{1}{3^s} + \dfrac{1}{4^s} + \cdots$을 제타 함수로 정의하였다.

$s = 2$일 때

$\zeta(2) = \dfrac{1}{1^2} + \dfrac{1}{2^2} + \dfrac{1}{3^2} + \dfrac{1}{4^2} + \cdots = \dfrac{\pi^2}{6}$는 바젤문제이다.

오일러는 제타 함수의 급수에서 소수에 대하여 다음 식이 성립함을 발견하였다.

$$\zeta(s) = \sum_{n=1}^{\infty} \frac{1}{n^s}$$

$$= \prod_{p:\,\text{소수}} \frac{1}{1-p^{-s}} = \frac{1}{1-2^{-s}} \times \frac{1}{1-3^{-s}} \times \frac{1}{1-5^{-s}} \times \frac{1}{1-7^{-s}}$$

$$\times \cdots \times \frac{1}{1-p^{-s}} \times \cdots$$

이를 오일러의 곱셈공식이라고 한다.

증명과정을 보면

$$\zeta(s) = \sum_{n=1}^{\infty} \frac{1}{n^s}$$에서

양변에 $\dfrac{1}{2^s}$을 곱하면

$$\frac{1}{2^s}\zeta(s) = \frac{1}{2^s}\sum_{n=1}^{\infty}\frac{1}{n^s} = \frac{1}{2^s} + \frac{1}{4^s} + \frac{1}{6^s} + \frac{1}{8^s} + \cdots$$

위의 두 식을 빼면

$$\zeta(s) - \frac{1}{2^s}\zeta(s) = \frac{1}{1^s} + \frac{1}{2^s} + \frac{1}{3^s} + \frac{1}{4^s} + \cdots - \left(\frac{1}{2^s} + \frac{1}{4^s} + \frac{1}{6^s} + \cdots\right)$$

$$= \frac{1}{1^s} + \frac{1}{3^s} + \frac{1}{5^s} + \frac{1}{7^s} + \cdots$$

다시 위의 결과에 $\frac{1}{3^s}$ 을 곱하면

$$\frac{1}{3^s}\left(1 - \frac{1}{2^s}\right)\zeta(s) = \frac{1}{3^s} + \frac{1}{9^s} + \frac{1}{15^s} + \cdots$$

다시 이 결과를 위의 식에서 빼면

$$\left(1 - \frac{1}{3^s}\right)\left(1 - \frac{1}{2^s}\right)\zeta(s) = 1 + \frac{1}{5^s} + \frac{1}{7^s} + \frac{1}{11^s} + \cdots$$

이 과정을 모든 소수 p에 대하여 반복하면

$$\cdots\left(1 - \frac{1}{p^s}\right)\cdots\left(1 - \frac{1}{11^s}\right)\left(1 - \frac{1}{7^s}\right)\left(1 - \frac{1}{5^s}\right)\left(1 - \frac{1}{3^s}\right)\left(1 - \frac{1}{2^s}\right)\zeta(s) = 1$$

$$\zeta(s) = \frac{1}{1 - 2^{-s}} \times \frac{1}{1 - 3^{-s}} \times \frac{1}{1 - 5^{-s}} \times \frac{1}{1 - 7^{-s}} \times \cdots \times \frac{1}{1 - p^{-s}} \times \cdots$$

$$= \prod_{p:\text{소수}}\frac{1}{1 - p^{-s}}$$

리만(Georg Friedrich Bernhard Riemann, 1826~1866)은 오일러의 제타 함수의 s의 범위를 1을 제외한 복소수로 확대하여 리만 제타 함수를 정의했다.

리만은 제타 함수를 이용하여 자기의 스승인 가우스가 시도하였던 소수의 규칙성을 찾고자 하였고 이와 관련하여 희대의 난제 리만 가설이 나오게 된다.

03
방정식의 역사

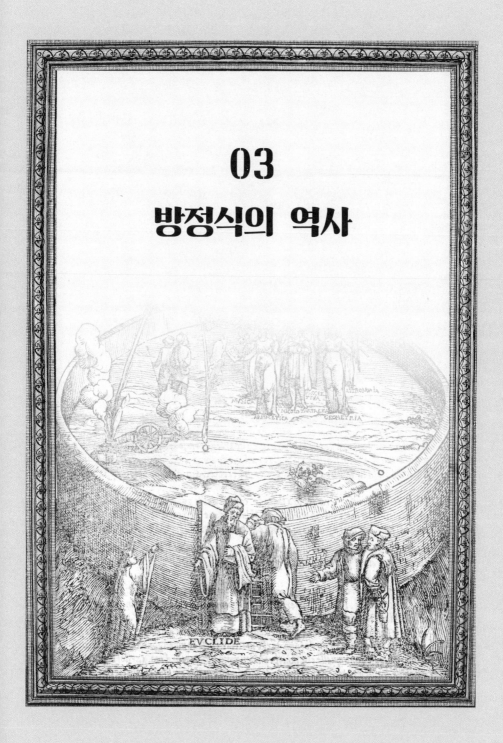

EVCLIDE

방정식의 역사

　방정(方程)이라는 말은 2천여 년 전 중국 한나라 때 수학책인 구장산술 8장에서 이름을 따온 것이다. 구장산술(九章算術)은 유클리드의『원론』처럼 동양 수학의 기원으로 꼽힌다. 연립방정식과 이차방정식의 해법을 담고 있었으며, 정수해 외에도 분수인 해를 취급하였고, 음수인 근도 인정하였다. 연립방정식을 지금의 행렬처럼 계수를 정방형으로 써놓고 풀이를 하였다고 하여 방정이란 이름이 붙여졌다. 이차방정식 형태는 고대 바빌로니아에서도 나타난다. 기원전 6세기경의 메소포타미아 지방에 살던 바빌로니아 사람들은 이미 일차, 이차방정식과 간단한 형태의 삼차방정식 문제를 풀었다.

　디오판토스(Diophantus, 약 246~330)는 당시 학문의 중심지였던 이집트의 북부 도시 알렉산드리아에서 주로 활동한 것으로 알려져 있으며, 당시 기하학에 관심이 많았던 다른 수학자들과는 달리 수 사이의 관계를 연구하는 수론(Number theory)에 두각을 나타내었다. 최초로 미지수를 문자로 사용하였으며 덧셈, 뺄셈, 미지수의 거듭제곱 등 체계적인 기호를 사용하였다. 이는 대수적으로 기호를 표기한 최초의 시도로 큰 의미가 있다.

대수학의 아버지로 불리는 알콰리즈미(al-Khwarizmi, 780~847)는 페르시아 수학자로 인도에서 도입된 아라비아 숫자를 이용하여 최초로 사칙연산(덧셈, 뺄셈, 곱셈, 나눗셈)을 만들고 0을 사용한 수학자이다.

현재에도 많이 사용되고 있는 알고리즘은 그의 이름에서 유래됐으며 그의 저서 『알자브르 왈 무카발라(al-jabr wa al-muqabala)』에서 알자브르는 대수학을 뜻하는 Algebra의 어원이 되었다.

825년에 쓴 그의 저서 『인도 수학에 의한 계산법(Algoritmi de numero indorum)』에서 십진법의 우수성을 나타냈다. 이탈리아 수학자 피보나치의 『산술교본』과 더불어 아라비아 숫자와 계산 방법을 중동과 유럽에 알리는 데 커다란 역할을 했다. 알콰리즈미의 이론은 대수학, 연산, 삼각법의 연구가 활발히 진행될 수 있는 초석이 되었고, 중동 학자들은 삼각법을 이용하여 삼각형의 각도와 변의 길이를 계산하였으며 이를 이용하여 천문학을 발전시켰다.

알콰리즈미는 일차방정식 또는 이차방정식의 문제를 실생활과 관련된 문제로 바꾸어 소개하였는데 미지수의 값을 당시 중요하게 생각하였던 동전, 물건, 식물의 뿌리로 바꾸어 표현하였다. 오늘날 방정식을 푸는 것을 근(根)을 구한다고 표현하는데, 미지수를 농경사회에서 중요하게 생각한 식물의 뿌리(씨앗)로 사용한 데서 유래되었다.

628년경 인도 수학자 브라마굽타(Brahmagupta, 598~668)는 음수 근을 구하였다. 바스카라 2세(Bhaskara Ⅱ,1114~1185)는 천문학에 관한 그의 저서 『시단타 슈로마니(천체계의 황관)』에서 수학에 관한 내용으로 두 단원을 썼는데, 그중 하나가 유명한 「릴라바티」이다. 딸의 이름을 따서 만든 수학책으로 산스크리트 문학의 대표작으로 인정받을 만큼 문학적 가치가 높다.

이 책에는 흥미로운 문제들이 많은데, 한 예로 10개의 손을 가지고 있는 신이 있다. 신 앞에는 10개의 서로 다른 물건들이 있는데 각 손으로 한가지 물건을 잡을 수 있는 방법은 모두 몇 가지인가?

바스카라는 경우의 수를 이용하여 10!가지의 서로 다른 방법이 있음을 설명하였다.

순열과 조합에 관하여 최초로 언급한 내용으로 17세기에 이르러서야 파스칼 등에 의해 확률이론이 나오게 된다.

음수와 음수의 곱은 양수이고, 음수와 양수의 곱은 음수라는 것과 $\frac{3}{0}$은 무한량이라고 진술한 것으로 보아 무한소, 무한대의 개념을 어느 정도 알고 있었던 것으로 파악된다.

이차방정식의 근이 2개라는 사실을 알고 있었고, 이차방정식의 일반해를 구하는 방법을 완성하였다. 또, 10진법을 체계적으로 확립하는 데 커다란 역할을 하였다.

간단한 형태의 삼차방정식은 그리스의 메나이크모스(Menaechmos, B.C. 375~325)가 델리안 문제로 잘 알려진 정육면체 부피 문제에 관련해서, 아르키메데스(Archimedes, B.C. 287~212)는 구의 부피의 문제에 관련해서 다루었다.

중국에서는 음양설을 동양철학의 기본바탕으로 삼고 있어 양수인 근과 음수인 근을 자연스럽게 인정하고 이를 다루었으나, 유럽에서는 음수인 근을 받아들이기까지는 오랜 시간이 걸렸고 16세기 카르다노에 이르러 비로소 음수인 근도 인정하였다.

16세기는 대수학의 시대로 거듭제곱근에 의한 3차, 4차 방정식의 해가 발견되고, 문자 기호의 도입과 허수의 발견으로 비로소 고대 그리스의 수학에서 벗어나 커다란 업적을 이룩한 시기였다.

1) 3차, 4차 방정식의 해법

4천 년 전 바빌로니아 시대에 이미 간단한 이차방정식 풀이를 하였고 12세기 바스카라 2세에 의해 2차 방정식의 일반 해를 구하는 식이

완성된다. 그 후 3차 방정식의 근의 공식은 오랫동안 찾지 못하다가 16세기가 돼서야 삼차방정식의 해법이 발견된다.

16세기 초 회계학의 아버지로 불리는 이탈리아 수학자 파치올리 (Luca Pacioli, 1445~1515)는 당시 유럽에서 무역이 활발하여 상업의 중심지였던 베네치아 상인들의 이익을 높이기 위하여 복식부기를 체계적으로 정리하였다. 인도에서 탄생한 복식부기는 아라비아 상인을 거쳐 이탈리아 제노바로 들어왔고, 파치올리에 의해 유럽으로 전파되었다. 파치올리에 의해 체계화된 복식부기는 이후 자본주의 사회에서 경제활동에 엄청난 영향을 미쳤고, 오늘날까지도 거의 변함없이 그대로 사용하고 있다. 파치올리는 당시 미술, 대수, 삼각법에 관한 지식을 정리하여 소개하였으며 레오나르도 다빈치와도 친분이 있었다. 그러나 파치올리는 3차 방정식의 일반해법은 존재하지 않는다고 발표하였다. 이차방정식의 해법이 알려지고 오랜 기간 3차 방정식의 해법이 밝혀지지 않아 사람들은 이를 거부감없이 받아들였지만, 역으로 이탈리아 수학자들이 3차 방정식의 해법에 관심을 갖게 되는 도화선이 되기도 하였다.

아라비아 수학자들은 3차 방정식의 해법을 두 개의 원뿔곡선의 교점을 이용하여 기하학적으로 구하였다. 하지만 대수적인 해법은 아니었다. 처음으로 대수적인 방법으로 3차 방정식을 푼 사람은 이탈리아 볼로냐 대학교의 수학 교수였던 페로(Scipione del Ferro, 1465~1526)로 이차항이 없는 3차 방정식을 대수적으로 풀었다.

15세기 유럽에서 지중해를 중심으로 상업이 발달함에 따라 일상생활에서 계산이 필요한 경우가 많이 생겨나고 이를 전문적으로 해결해주는 수학자들이 있었다. 이러한 수학자들은 자신이 더 뛰어나다는 것을 보이기 위해 서로 실력을 겨루는 공개 시합을 하였는데 상대가 낸 문제를 정해진 시간 내에 많이 푼 사람이 이기는 경기였다. 이러한 시합은 점차 대중화되고 수학자들의 우열을 가리는 데 이용되었다. 따라서 자신이 연구하고 발견한 내용을 혼자만 알고 있는 경우가 많았다. 승부에서 이기면 명성이 올라가고 지면 몰락의 길을 걷기도 했다.

이런 공개 시합 중 유명한 것은 1535년 2월 22일 밀라노 성당에서 있었던 안토니오 피오레와 타르탈리아의 시합이다. 1530년 타르탈리아는 일차항이 없는 형태의 삼차방정식 $x^3 + mx^2 = n$ $(m, n > 0)$에 대한 대수적 해법을 발견하였다. 그런 자신감으로 당시 유명하였던 페로의 제자 피오레에게 공개 시합 도전을 하였다. 페로는 자신이 알고 있는 3차 방정식의 해법을 제자인 피오레에게만 알려주고 세상을 떠났다. 타르탈리아는 피오레를 이기기 위해선 자신만이 알고 있는 해법 외에 페로가 전수한 이차항이 없는 3차 방정식 해법을 알아야 했다. 이차항이 없는 삼차방정식의 해법을 찾고자 노력한 끝에 시합을 열흘 앞두고 마침내 그 해법을 찾아냈다. 경기는 30문제를 50일 동안 푸는 것으로 진행되었는데, 타르탈리아가 제시한 문제를 피오레는 한 문제도 풀지 못하였고, 피오레는 예상대로 이차항이 없는 3차 방정식 문제를 제시하였으나 타르탈리아가 30문제 모두 풀어 일방적인 승리로 끝났다.

타르탈리아(Tartaglia)는 말더듬이란 뜻으로 그의 본명은 니콜로 폰타나였다.

니콜로 폰타나(Nicolo Fontana, 1499~1557)는 어렸을 때 자신이 살던 이탈리아의 작은 마을 브레시아에 프랑스군이 침공하였는데 그때 심한 중상을 입게 되었다. 다행히 어머니의 극진한 치료로 목숨은 건졌지만, 상처 후유증으로 심한 말더듬이가 되었다. 그래서 사람들은 이름보다는 타르탈리아로 불렀다. 전쟁으로 아버지를 잃고 너무 가난하여 학교에 다닐 수 없어 헌책을 구하여 공동묘지에 묻힌 아버지의 묘비에 돌멩이로 글씨를 쓰면서 독학하였다. 그런 노력 끝에 폰타나는 베네치아대학의 수학 교수가 되었다.

폰타나는 피오레와의 공개 시합에서 일방적으로 승리하면서 그는 전국적으로 알려지게 되었다. 폰타나는 더욱 연구하여 3차 방정식의 일반 해를 찾는 데 성공하였고, 이러한 소문은 그의 명성과 함께 전국적으로 퍼져나갔다.

당시 밀라노에서 의사이면서 수학을 연구하던 카르다노(Girolamo Cardano, 1501~1576)는 소문을 듣고 폰타나를 여러 번 찾아가 설득한 끝에 자신만 알고 있겠다는 조건으로 3차 방정식의 해법을 알게 된다. 하지만 카르다노는 약속을 어기고 1545년 출간한 『위대한 계산법(Ars magna)』에 3차 방정식의 해법과 자기 제자인 페라리(Ferrai)가 밝혀낸 4차 방정식의 해법도 함께 발표하였다. 폰타나는 배신감과 분노에 카르다노에게 항의하고 자신의 명예를 회복하고자 카르다노에게 공개 시합을 신청하였다. 하지만 공개 시합에 응한 사람은 카르다노가 아닌 그의 제자 페라리였다. 페라리는 이미 4차 방정식의 해법까지 알고 있는 상태였기에 폰타나는 페라리에게 상대가 되지 않았다. 이 일을 계기로 폰타나는 사람들에게 점점 잊혔고, 분노로 시름시름 앓다가 1557년에 세상을 떠났다.

오늘날 3차 방정식의 해법은 카르다노의 해법으로 알려졌지만 실제로 해법을 찾아낸 사람은 폰타나였다.

카르다노는 이탈리아 르네상스 시대에 의사, 수학자, 철학자, 작가로 활동하였으며 괴팍한 성격의 소유자로 알려져 있다.

카르다노의 자서전 『나의 생애』에서 한 창녀가 낙태에 실패하게 되면서 한 아이가 사생아로 태어나는 것으로 시작한다. 아버지는 당시 레오나르도 다빈치와 친분이 있는 유명한 변호사였다. 카르다노는 어려서부터 천재성을 보여 20대에 의사가 되었고, 그 무렵 결혼하면서 아내가 가져온 결혼지참금을 밑천으로 도박을 시작했다. 카르다노의 삶은 평탄치 못하였다. 아들 셋이 있었는데 첫째 아들은 어머니의 부정을 알게 되어 어머니를 독살하였는데, 이를 알고 카르다노는 아들을 고발하여 아들은 참수형을 당하게 된다. 이 일로 카르다노는 평생 마음의 병을 갖고 살게 된다. 둘째 아들은 병으로 사망하고, 셋째 아들은 도박꾼이 되어 카르다노의 재산을 탕진하였다. 또, 자신이 아끼는 제자 페라리는 도박과 술에 빠져 생활하다가 여동생에게 독살된다. 카르다노는 예수를 모욕했다는 죄목으로 종교재판에 넘겨져 투옥되었으나 자신의 주장을 철회하면서 몇 달 만에 풀려나기도 하였다. 말년에는 점성술에 빠져 별점을 봐주고 돈을 받으며 생활하였다. 어느 날 카르다노는 자신의 별점을 보고 죽는 날을 예언하였는데 예언한 날이 오자 자신의 예언이 맞았다는 걸 보이기 위해 자살하였다는 설이 있다.

파스칼이 확률이론의 기틀을 마련하기 이전에 카르다노는 도박을 좋아하여 『주사위 게임에 관하여』라는 책을 저술하였는데 최초의 체계적인 확률론 책으로 평가받는다. 카르다노는 3차, 4차 방정식을 연구하면서 허수의 필요성을 느껴 허수를 처음으로 도입하였고 수학과 의학, 점성술 분야에도 상당한 업적을 남겼다. 카르다노는 의사로서 장티푸스를 제대로 진단한 최초의 의사이기도 하였다.

3차 방정식에서 카르다노의 해법은

항등식 $a^3 + b^3 + c^3 - 3abc = (a+b+c)(a^2+b^2+c^2-ab-bc-ca)$
$$= (a+b+c)(a+b\omega+c\omega^2)(a+b\omega^2+c\omega)$$

여기서 ω는 $x^3 - 1 = 0$의 허근 중 하나이며 $\omega^2 + \omega + 1 = 0$, $\omega^3 = 1$을 만족한다.

삼차방정식 $ax^3 + bx^2 + cx + d = 0 \ (a \neq 0)$에서

$x = t - \dfrac{b}{3a}$를 대입하면

$t^3 + 3pt + q = 0 \ (p = \dfrac{1}{3}(\dfrac{c}{a} - \dfrac{b^2}{3a^2}), \quad q = \dfrac{2b^3}{27a^3} - \dfrac{bc}{3a^2} + \dfrac{d}{a})$으로 이차항이 없는 삼차방정식이 된다.

한편, 항등식 $(A+B)^3 - 3AB(A+B) = A^3 + B^3$에서

$A+B=t$로 놓으면

$t^3-3ABt=A^3+B^3$을 만족하는 A, B가 항상 존재한다.

$t^3+3pt+q=0$에서

$AB=-p,\ A^3+B^3=-q$ 이다.

$t^3-3ABt=A^3+B^3$

$t^3+(-A)^3+(-B)^3-3ABt=0$

$(t-A-B)(t-A\omega-B\omega^2)(t-A\omega^2-B\omega)=0$

$t=A+B,\ t=A\omega+B\omega^2,\ t=A\omega^2+B\omega$

$x=t-\dfrac{b}{3a}$이므로

$x=A+B-\dfrac{b}{3a},\ x=A\omega+B\omega^2-\dfrac{b}{3a},\ x=A\omega^2+B\omega-\dfrac{b}{3a}$

이제 A, B의 값을 구하여보자

$A^3B^3=-p^3,\ A^3+B^3=-q$이므로

A^3, B^3을 두 근으로 갖는 이차방정식은

$X^2+qX-p^3=0$

근의 공식을 이용하여 해를 구하면

$X=\dfrac{-q\pm\sqrt{q^2+4p^3}}{2}$

두 근이 A^3, B^3이므로

$A^3=\dfrac{-q+\sqrt{q^2+4p^3}}{2},\ B^3=\dfrac{-q-\sqrt{q^2+4p^3}}{2}$

$A=\sqrt[3]{\dfrac{-q+\sqrt{q^2+4p^3}}{2}},\ B=\sqrt[3]{\dfrac{-q-\sqrt{q^2+4p^3}}{2}}$ 로 볼 수 있다.

앞에서 구한 해

$$x = A + B - \frac{b}{3a}, \ \ x = A\omega + B\omega^2 - \frac{b}{3a}, \ \ x = A\omega^2 + B\omega - \frac{b}{3a} \text{에서}$$

$$x = \sqrt[3]{\frac{-q + \sqrt{q^2 + 4p^3}}{2}} + \sqrt[3]{\frac{-q - \sqrt{q^2 + 4p^3}}{2}} - \frac{b}{3a},$$

$$x = \sqrt[3]{\frac{-q + \sqrt{q^2 + 4p^3}}{2}}\,\omega + \sqrt[3]{\frac{-q - \sqrt{q^2 + 4p^3}}{2}}\,\omega^2 - \frac{b}{3a},$$

$$x = \sqrt[3]{\frac{-q + \sqrt{q^2 + 4p^3}}{2}}\,\omega^2 + \sqrt[3]{\frac{-q - \sqrt{q^2 + 4p^3}}{2}}\,\omega - \frac{b}{3a}$$

$$\text{단, } p = \frac{1}{3}\left(\frac{c}{a} - \frac{b^2}{3a^2}\right), \ \ q = \frac{2b^3}{27a^3} - \frac{bc}{3a^2} + \frac{d}{a}$$

2) 아벨과 갈루아

19세기 초 아벨과 갈루아는 같은 시대에 살면서 많은 공통점을 갖고 있다. 서로 만난 적은 없지만 둘 다 불운의 천재 수학자로 20대라는 짧은 생을 살다가 떠난 수학자들이다. 16세기 말 4차 방정식의 해법이 발견된 이래 300여 년 동안 최대 난제였던 5차 이상 다항 방정식의 해를 대수적인 방법으로 일반 해를 구할 수 없다는 것을 증명하였다. 아벨의 발표 후 갈루아도 독자적인 방법으로 증명하였다. 갈루아의 방법은 모든 다항 방정식에서 대수적으로 풀 수 있는 경우와 없는 경우를 판별할 수 있어 아벨의 발표보다 더 진보된 내용으로 볼 수 있다.

아벨(Nieis Henrik Abel, 1802~1829)은 노르웨이 수학자로 오슬로 근교 작은 도시 핀뇌에서 태어났다. 아버지는 가난한 교회 목사였는데 술을 많이 마셨고, 어머니는 유명한 피아니스트이자 가수였지만 자식들에게는 관심이 없어 자식들을 기숙학교에 맡겼다. 이때 아벨은 크리스티아니아중학교에 입학하게 되는데 (아벨은 불운한 수학자였지만) 여기서 수학 교사 홀름보에(Bernt Michael Holmboe)를 만난 것은 그에게 큰 행운이었다. 홀름보에는 아벨의 재능을 알아보고 그를 열정적으로 지도했고, 그가 성장할 수 있도록 조언하였다. 18세가 되던 해 아버지는 과음으로 사망하였고, 장남이었던 아벨은 가장으로서 동생들을 돌봐야 했다. 경제적으로 어려운 상황 때문에 대학 진학은 엄두도 못 내는 상황이었지만 스승인 홀름보에의 노력으로 정부 보조금을 받게 되어 크리스티아니아대학(현재 오슬로대학)에 입학하여 공부할 수 있었다. 22세가 되던 해 아벨은 300여 년간 찾지 못했던 5차 방정식의 일반적인 해법은 존재하지 않으며, 5차 이상의 다항 방정식에는 제곱근 연산과 사칙연산만으로 풀 수 있는 근의 공식이 존재하지 않는다는 것을 처음으로 증명하였다. 당시로선 너무 난해하고 추상적인 아벨의 증명은 인정받지 못하여 자비로 출판할 수밖에 없었다. 자비로 출판하다 보니 경비를 줄이기 위하여 많은 부분을 생략하고 핵심적인 부분만 압축하여 출판하였는데, 허무맹랑한 논리라는 냉정한 평가와 사람들의 비웃음을 받았다. 대수학자 가우스조차도 쓰레기라고 평가했다고 한다. 출판 직후 수학계의 일인자인 가우스에게도 논문을 보냈으나 가우스가 사망한 후 그의 유품에서 뜯어보지도 않은 아벨의 논문이 발견되었다고 한다.

22살에 아벨은 정부의 지원을 받아 독일과 프랑스의 수학자들과 교류를 위해 여행을 떠났다. 그 기간에 아벨은 자신의 논문을 혹독하게 평가한 괴팅겐에 있는 가우스를 피해 베를린으로 가게 되는데, 여기서 독일 수학자 아우구스트 레오폴트 크렐레(August Leopold Crelle, 1780~1855)를 만나게 된다. 크렐레는 아벨의 천재적인 수학적 재능을 알아보고 1826년 자신이 창간한 『순수 및 응용 수학 저널』에 아벨의 논문을 게재하였다. 그 당시 아벨의 연구는 파리에서 알려지지 않았기에 자신의 이름을 알리고자 아벨의 정리가 포함된 타원함수에 관한 연구 논문을 파리에 있는 프랑스 학사원에 제출하였으나 당시 논문을 받은 오귀스탱 루이 코시(Augustin-Louis Cauchy) 역시 그 논문을 읽어 보지도 않았다고 한다.

결국, 아벨은 별다른 성과를 얻지 못하고 결핵으로 건강이 나빠져 바로 귀국하였으며, 귀국 후에도 꾸준히 연구 활동을 하여 대수 함수에 관한 아벨의 정리를 증명한 논문을 발표하였다. 이 논문으로 인해 많은 수학자에게 인정을 받게 되고 수학계에서도 높이 평가하게 되었다. 아벨은 안정적인 직장을 얻지 못하고 가정교사, 대학의 보조금 등으로 생활하는 경제적인 어려움을 겪고 있었다. 그의 경제적인 어려움을 덜어주고자 수학계에서는 노르웨이 왕에게 도움을 요청하는 서신을 여러 차례 보냈고, 크렐레는 베를린대학에 수학 교수직을 마련해주기 위해 노력하였다. 아벨의 평가가 좋아지고 크렐레의 노력 덕분에 베를린대학에서 수학 교수로 아벨을 임명하기로 했다. 그러나 안타깝게도 임명을 알리는 전보가 도착하기 이틀 전날 아벨은 그동안 누적된 피로와 결핵으로 약혼녀인 크리스티네 켐프(Christine Kemp)의 품에서 26세의 나이로 사망하였다. 아벨은 수학 교수가 되는 것이 소원이었는데 죽은 후에 수학 교수로 임명된 것이었다.

아벨의 재미있는 일화 중 하나는 아벨이 홀롬보에 선생님에게 보낸 편지 끝에 날짜 대신 $\sqrt[3]{6064321219}$ 라고 썼다고 한다.

$\sqrt[3]{6064321219} = 1823.5908275 \cdots$

$0.5908275 \times 365 = 215.652$로 1년 중 216일째인 8월 4일을 나타낸다.

즉, 1823년 8월 4일을 $\sqrt[3]{6064321219}$ 으로 표현한 것이다.

또, 아벨은 홀롬보에 선생님에 대한 존경심을 표현하기도 하였는데, 자신이 유명해져 수학적 성취의 비결에 관한 질문을 받았을 때 "위대한 수학자에게 직접 배워서 가능하였다"라고 말하였다.

아벨이 사망한 지 10년 뒤에 홀롬보에 선생님은 아벨의 업적을 기리기 위해 아벨 전집을 발간하였다. 노르웨이 정부는 아벨의 업적을 기리기 위해 노르웨이 화폐에 아벨 초상화를 넣기도 했고, 아벨을 기념하는 우표를 발행하기도 했다. 아벨 탄생 200주년을 기념해 '아벨상'을 제정하고 2003년부터 매년 시상해왔다. 아벨상은 필즈상과 더불어 가장 권위 있는 수학상이다. 아벨상은 나이 제한이 없고 응용 수학 분야까지도 인정된다. 반면 필즈상은 4년마다 열리는 국제수학자대회(ICM)에서 수학 분야별로 주는 상으로 40세 미만이라는 수상자 나이 제한이 있고, 순수 수학 분야에 국한되어 있다.

에바리스트 갈루아(Évariste Galois, 1811~1832)는 프랑스의 천재적인 수학자로 수학에 대한 자부심이 굉장히 강하였다. 10대 때 다항 방정식을 사칙연산과 거듭제곱근만을 사용하여 대수적으로 풀 수 있는 조건을 찾아냈다. 이 과정에서 수열을 특정한 수학적 조건에 따라 묶는 방법의 하나인 군(群, group)이란 용어를 처음으로 사용하였다. 이는 추상대수학의 군론과 갈루아 이론에 기반이 되었다.

1789년의 프랑스는 미국독립전쟁 지원으로 재정이 어려워지고 사회적으론 계급 갈등이 고조되어 루이 16세와 왕비 마리 앙투아네트를 단두대에서 처형하는 프랑스혁명이 일어났다. 정치는 나폴레옹이 유럽에서 최초로 왕정을 타파하고 공화정을 선포하였으며, 프랑스 혁명사상이 유럽에 영향을 미치며 다른 유럽 국가의 심한 견제와 전쟁으로 얼룩졌다. 그 후 나폴레옹이 황제로 즉위하면서 왕정의 시대로 복귀한다. 스탕달의 소설 『적과 흑』은 이 시기의 프랑스 사회상을 잘 나타내고 있다. 정치·사회적으로 혼란한 시기인 1811년 갈루아는 파리 근교에서 태어났다. 11세가 되던 해까지 행정관료인 아버지와 법률가 출신인 어머니에게 교육을 받으며 행복한 유년기를 보냈다.

12세에 파리의 고등중학교에 입학하였으나 프랑스 대혁명 후 군주정과 공화정이 격돌하는 정치적으로 혼란한 시기였다. 어수선한 정국과 맞물려 갈루아는 점점 학습에 흥미를 잃고 수학에만 몰두하였다. 갈루아는 학교 수업 시간에 모든 계산을 암산으로 하여 풀이를 쓰지 않았는데, 당시 담당 교사는 이를 불성실하고 반항적인 행동으로 여겨 수학 성적이 좋게 나오지 않았다. 당시 교사들은 갈루아에 대하여 "구원하기 어려울 만큼 건방지다", "수학적 광기가 그를 사로잡고 있어 수학만 하도록 하는 게 좋을 것이다", "품행이 불량하다" 등으로 평가하였다.

갈루아는 아드리앵 마리 르장드르(Adrien Marie Legendre)의 『기하학 기초』를 한 번에 읽고 그 내용을 숙지하였으며, 15세에는 조제프 루이 라그랑주(Joseph Louis Lagrange)의 『대수 방정식의 해법 탐구』를 읽고 자신의 방정식 이론을 세우는 기반이 되었다고 한다. 자신을 인정하고 이해해주는 루이 폴 에멜 리샤르 교사를 만나면서 수학에 매진하여 18세 되던 해에 순환 연분수(continued fractions)를 주제로 한 논문과 방정식론에 관한 논문을 프랑스 과학원에 제출하였으나 당시 심사관이었던 오귀스탱 루이 코시(Augustin Louis Cauchy, 1789~1857)는 그 논문을 중요하게 생각하지 않았고, 심지어는 논문과 요약본마저 분실하여 발표하지 못하였다. 비슷한 일화로 코시는 독일의 수학자 그라스만(Hermann Günther Grassmann, 1809~1877)이 현대 선형대수에 큰 영향을 미친 벡터의 내적, 외적에 관한 내용을 출판하고 비슷한 내용이 담긴 논문을 쓴 수학자를 만나고 싶어 연락처를 알고 있던 코시에게 자신의 메시지를 전달해줄 걸 요청하였으나 코시는 중요하게 생각하지 않아 전달하지 않고 몇 년 동안 방치하다가 분실하였다고 한다. 그 이후 코시가 그라스만이 발표한 내용과 비슷한 내용의 논문을 발표하여 그라스만이 표절 심사를 의뢰하였는데, 심사위원에 코시가 포함되어 있었고 아무런 처분 없이 종결되었다고 한다. 그라스만도 이런 불운으로 살아서 빛을 못 보고 사후에 업적을 인정받게 된다.

갈루아의 아버지는 왕정 시대에 공화정을 지지하였고, 오랜 기간 부르라렌 시장으로 역임하던 중 왕정을 지지하는 반대파의 모욕과 수치를 견디다 못해 자살하는 사건이 발생하였다. 아버지의 정치적 음모, 논문의 분실사건 등으로 인해 갈루아는 사회에 대한 불신을 갖게 되었다. 아버지가 사망한 직후 수학 최고 명문인 파리고등이공과대학교(Ecole Polytechnique) 입학시험에 응시하였으나 면접시험에서 떨어지고 고등사범학교(Ecole Normal)에 입학한다.

그가 왜 떨어졌는지에 대해 여러 설이 있는데, 천재성을 과신해 시험 준비를 너무 소홀히 했다거나 아버지 사망으로 인한 정서적 불안이 영향을 미쳤을 것이라는 설도 있다. 하지만 에콜 노르말과 프랑스 국립과학원(CNRS) 교수였던 이브 앙드레 교수는 당시 면접관이 산술 대수에 대하여 설명하라고 질문하자 갈루아는 산술 대수라는 수학 용어는 없으므로 설명할 것이 없다고 대답해 면접관을 격분시켰다고 말하였다.

갈루아는 5차 이상 다항 방정식을 대수적으로 풀 수 있는 조건과 아닌 조건을 구분하는 필요충분조건을 증명하는 내용이 포함된 논문을 프랑스 과학아카데미에 보냈고 아카데미상을 기대하였다. 갈루아는 이 논문이 많은 수학자에게 5차 방정식의 해를 찾는 연구를 단념시킬 것이라고 자신만만하였다. 당시 심사위원이었던 조제프 푸리에(Jean B.J.Fourier, 1768~1830)는 그의 논문을 높이 평가하며 수학상 심사를 의뢰하였다. 하지만 안타깝게도 최종 심사를 앞두고 푸리에가 사망하면서 갈루아의 논문은 찾을 수 없었다고 한다. 당시 프랑스 언론에서도 갈루아의 논문에 관심을 갖고 심사의 공정성에 대한 이의를 제기하였다. 갈루아는 이러한 사건이 또 생기면서 격분하여 부패한 사회와 프랑스 정치체제에 큰 불신을 갖게 되고 군주정을 반대하는 공화주의 편에서 과격한 활동을 하게 되었다.

1830년 7월 혁명이 터지자 갈루아는 공화정을 격렬히 옹호하였으며, 군주정을 옹호하는 교장을 비방하는 글을 올려 결국 학교에서 퇴학당했다. 이후 그는 공화주의 세력인 국가방위군 포병대에 입대한 후 몇 차례 감옥에 수감되었다. 감옥에 있던 기간 중 다시 수학 연구에 매진하여 사망하기 전해인 1831년 프랑스 과학아카데미에 다시 논문을 제출하였다. 이번 심사엔 시메옹 드니 푸아송(Siméon Denis Poisson)이 맡았고, 푸아송은 논문 내용이 명백하지 않고 엄격한 체계를 갖추고 있지 않아 내용을 전혀 이해할 수 없다며 연구 내용을 모아서 보내줄 것을 요구하였다. 하지만 갈루아는 그 이후 바로 구속되어 연구 내용을 보내줄 수 없었다. 많은 천재가 그렇듯이 갈루아는 자기의 생각을 다른 사람에게 이해하기 쉽게 설명하는 것이 서툴렀다. 1832년 출옥 후 고통과 상실감에 빠져있다가 생애 처음으로 한 여인을 사랑하게 되었지만, 그녀는 약혼자가 있었고 그녀의 약혼자가 피스톨(권총) 결투를 신청하였다. 이 사건의 정황에 대하여서는 의견이 분분하다. 어쨌든 갈루아는 이런 사건에 휘말리게 되었고 결투 신청을 거부할 수 없는 입장이었던 것으로 보인다.

결투를 신청한 상대가 명사수임을 알고 있었기에 결투하기 전날 밤 그는 죽음을 예견하고 자신이 연구한 내용을 정리하며 써 내려갔다. 그리고 친구인 슈발리에에게 자기의 연구물과 편지를 남겼다.

> "야코비나, 가우스에게 평해달라고 해줘. 이 정리들이 참인지가 아니라, 이 정리들이 얼마나 중요한지. 훗날 사람들은 이 엉망인 내용을 해석할 필요가 있을 테니까."

1832년 5월 30일 갈루아는 권총을 사용한 결투에서 복부를 관통당하는 총상을 입고 다음 날 사망하였다.

죽기 전날 갈루아의 소식을 듣고 병원으로 달려온 남동생에게 다음과 같이 말하였다.

> "울지마, 알프레드! 21살 나이에 죽으려면 용기가 필요하니까!"

그는 공동묘지에 매장되었고, 그가 남긴 것은 겨우 60페이지밖에 되지 않는 수학 연구물이었다.

오랜 기간 5차 방정식의 해법을 찾고자 많은 수학자가 노력하였으나 짧은 생을 살다 간 아벨과 갈루아라는 두 천재 수학자에 의해 5차 이상의 방정식의 대수적 풀이가 불가능하다는 게 증명되었다. 우연의 일치인지 아벨과 갈루아 모두 논문이 빛을 발하지 못하고 사장되었다. 더군다나 그 논문을 사장 시킨 인물들이 모두 수학계의 거장 가우스, 코시, 푸리에, 푸아송이다. 당시 이미 유명한 이들에겐 수많은 논문이 전달되고 그것을 모두 읽고 평가하기엔 어려움이 있었을 것이다. 가우스는 아벨과 갈루아의 논문을 제대로 읽지 않은 것에 대하여 나중에 후회하였고, 저명한 수학자 코시조차도 갈루아의 논문을 잘 이해하지 못했다. 푸아송의 말대로 논문의 체계가 부족하였거나 어쩌면 관심이 없었는지도 모른다.

다행히도 갈루아가 사망한 이후 갈루아 이론의 가치를 알아본 리우빌이 자신이 창간한 잡지에 갈루아 이론을 실어 그 가치를 인정받게 되었다.

아벨이 5차 이상의 대수 방정식은 대수적인 방법으로 풀 수 없다는 것을 증명하였고, 갈루아에 의해서 대수 방정식이 대수적으로 풀 수 있는지는 근에 대한 치환군(갈루아군)의 군론적 구조에 따라 명백해진다는 것이 밝혀졌다.

비록 두 젊은 천재 수학자의 업적은 오늘날 갈루아 이론의 바탕이 되었고, 현대 수학에 막대한 영향을 주었다.

18세기 5차 이상 다항 방정식의 해법은 수학계에서 화두였다. 1746년 대수학의 기본 정리를 달랑베르가 증명을 발표하였지만 오류가 발견되었고 오일러, 라플라스, 라그랑주 등 많은 수학자가 시도하였으나 실패하였다. 가우스는 다른 수학자들의 오류를 조목조목 짚어가며 자신의 박사학위 논문으로 대수학의 기본 정리 증명을 발표하였다. 이로써 대수학의 기본 정리(Fundamental theorem of algebra)는 가우스가 증명한 것이 되었다.

대수학의 기본 정리란 복소수 계수를 갖는 n차 다항 방정식의 근의 개수는 n개가 된다는 것이다. 중복된 근도 각각 개수로 센다.

$$p(x) = a_n x^n + a_{n-1} x^{n-1} + a_{n-2} x^{n-2} + \cdots + a_0 \, (a_n \neq 0, \, n \geq 1)$$

$$= a_n (x - x_1)(x - x_2)(x - x_3) \cdots (x - x_n)$$이 되어 해가 n개 존

재한다는 것이다.

대수학의 기본 정리는 아벨과 갈루아가 5차 이상의 다항 방정식의 대수적인 일반 해가 존재하지 않는다는 것과는 다르다. 여기서 대수적인 일반 해가 존재하지 않는다는 것은 해를 사칙연산과 거듭제곱근 기호를 유한하게 사용하여 나타낼 수 없다는 것이다.

04
확률론의 시작
파스칼

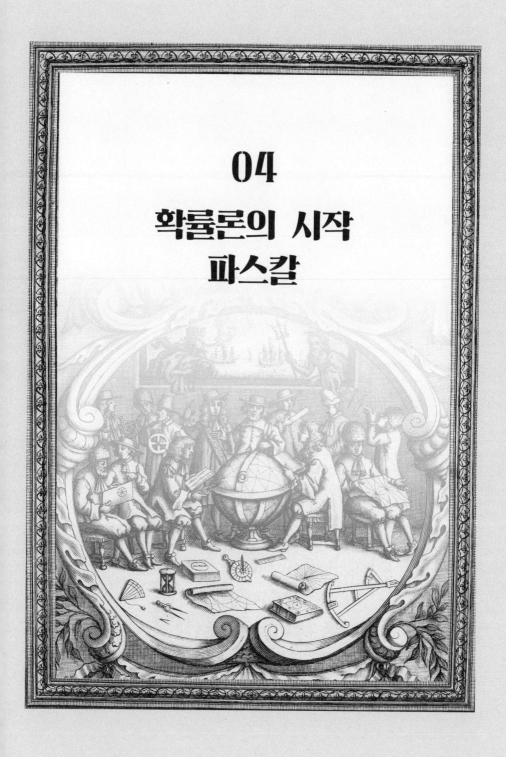

확률론의 시작 파스칼

　파스칼(Blaise Pascal, 1623~1662)은 프랑스의 수학자, 과학자, 철학자, 신학자로 신학에 많은 시간을 보내며 39세란 이른 나이에 사망했음에도 수학, 과학 분야에 많은 업적을 남겼다. 어릴 적의 천재성은 가우스를 능가할 정도라고.

　12세에 삼각형의 내각의 합이 180^o라는 사실을 스스로 발견하였으며, 14세에는 수학적 능력을 인정받아 프랑스 수학자 단체(현재 프랑스 학술원)의 정회원으로 회의에 참여하였다. 16세에는 사영기하학의 기초가 되는 파스칼정리를 발표하였고, 19세에는 회계사인 아버지의 일을 돕고자 파스칼 라인이라고 불리는 계산기를 발명하였다. 과학 분야에서는 1653년 액체의 평형에 관한 논문집에서 파스칼의 원리로 불리는 압력의 법칙을 설명하였다. 이러한 업적을 인정받아 현재 압력에 대한 SI 유도단위로 파스칼의 이름을 따서 파스칼(Pa)로 사용하고 있다.

　오늘날에는 수학자, 과학자보다는 미완성 작품인 『팡세』에서 인용한 "인간은 생각하는 갈대"라는 유명한 말을 많은 사람들이 기억하고 있다.

　확률이론은 도박게임에서 시작되었는데 확률이론을 처음으로 연구한 수학자는 평소 도박을 좋아했던 카르다노(Cardano, 1501~1576)이다. 그 이후 확률이론에 대하여 체계적으로 연구가 진행된 것은 17세기의 프랑스에서였다.

당시 유명한 도박사였던 슈발리에 드 메레(Chevalier de Mere)는 당시 명성이 높은 수학자 파스칼(Pascal, 1623~1662)에게 "도박 중 게임이 중단되었을 때 판돈을 어떻게 나누는 것이 가장 합리적인가?"라는 문제를 제기했다.

문제를 해결하기 위하여 연구하던 중 파스칼은 파스칼의 삼각형을 이용하여 이 문제를 해결하였다. 사실 파스칼의 삼각형은 중국 송나라 가헌(賈憲, 1010~1070)이 처음으로 생각해냈다. 이후 1303년경 파스칼의 삼각형은 중국에서 유럽으로 전파되었고, 파스칼은 이 삼각형에서 흥미로운 성질을 많이 발견하였으며 파스칼의 이름을 따서 파스칼의 삼각형으로 불리게 되었다. 파스칼의 삼각형은 단순해 보이지만 다양한 성질이 포함되어 있으며, 조합(combination)이나 이항정리(binomial theorem), 피보나치수열과도 연관되어 있다.

파스칼은 자기 생각을 페르마(Fermat, 1601~1665)와 편지를 주고받는 과정에서 확률론을 구축하게 되었고, 파스칼은 확률론의 창시자가 되었다.

그 후 확률은 19세기 초에 이르러 라플라스(Laplace, 1749~1827)에 의하여 하나의 수학적 체계로 조직화되었다.

1) 메레가 파스칼에게 보낸 편지 문제

메레가 편지에서 파스칼에게 의뢰한 문제는

어느 한 사람과 32피스톨(유럽의 옛 금화)씩 판돈을 걸고, 이긴 사람이 64피스톨을 갖는 주사위 게임을 하고 있었다. 자기가 선택한 수가 먼저 세 번 나오면 이기는 것으로 정하고 두 사람이 주사위 굴리기를 계속해서 메레가 선택한 수가 두 번, 상대방이 선택한 수가 한 번 나온 상황에서 부득이한 사정으로 게임이 중단되었다.

이 경우 판돈 64피스톨을 어떻게 분배할 것인가?

메레의 상대 선수는 다음과 같이 주장했다. 남은 게임 중 메레가 한 번 이기거나, 자신은 두 번 이겨야 승부가 난다. 따라서, 이길 확률은 메레가 $\frac{2}{3}$, 자신이 $\frac{1}{3}$이므로, 판돈도 메레가 $64 \times \frac{2}{3}$(피스톨)을 가지고, 자신이 $64 \times \frac{1}{3}$(피스톨)을 가져야 한다고 주장했다.

이에 대해서 메레는 다음 게임을 내가 지더라도 2 : 2로 무승부이므로 32 피스톨씩 나누게 되어 32피스톨에 대한 권리를 가진다. 그런데 다음 게임을 내가 이기면 64피스톨을 전부 가질 수 있으므로 $32 + 32 \times \frac{1}{2}$인 48피스톨을 자신이 가져가야 된다고 주장했다.

파스칼은 메레의 주장이 옳다고 생각하였고, 파스칼은 페르마와 서신 교환을 통해 도중에 중단된 도박의 판돈은 각각 이길 수 있는 가능성의 정도에 따라 분배되어야 한다는 데 의견의 일치를 보았다.

파스칼의 삼각형은 [그림 4-1]과 같이 한 행의 두 수의 합을 다음 행에 나타내는 형태로 진행된다.

그러면 파스칼은 이 삼각형을 어떻게 이용하였는지 알아보자.

i) 두 도박사 A와 B가 3판 2승제의 도박을 하다가 A가 한 번 이긴 후 도박이 중단된 경우

문제에서 두 판의 게임이 남아있는 상황이고, 남은 게임 중 A는 한 번이나 두 번, B는 두 번을 이겨야 이길 수 있다.

남은 게임이 두 판이므로 $(a+b)^2 = a^2 + 2ab + b^2$의 계수를 나타내는 파스칼의 삼각형의 셋째 줄 $1, 2, 1$에서 첫 번째 1은 A가 두 번 이기는 방법의 가지 수 (aa), 두 번째 2는 A가 한 번 이기는 방법의 가지 수(ab, ba), 세 번째 1은 B가 두 번 이기는 방법의 가지 수(bb)와

같다. 따라서 A가 이 게임에서 이기는 경우는 $1+2$인 세 가지, B가 이기는 경우는 한 가지이므로 판돈을 $3:1$로 분배하면 된다.

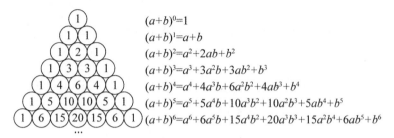

$$(a+b)^0=1$$
$$(a+b)^1=a+b$$
$$(a+b)^2=a^2+2ab+b^2$$
$$(a+b)^3=a^3+3a^2b+3ab^2+b^3$$
$$(a+b)^4=a^4+4a^3b+6a^2b^2+4ab^3+b^4$$
$$(a+b)^5=a^5+5a^4b+10a^3b^2+10a^2b^3+5ab^4+b^5$$
$$(a+b)^6=a^6+6a^5b+15a^4b^2+20a^3b^3+15a^2b^4+6ab^5+b^6$$

[그림 4-1]

ii) 두 도박사 A와 B가 5판 3승제의 도박을 하다가 A가 한 번 이긴 후
　도박이 중단된 경우

남은 게임이 네 판이고 남은 게임 중 A는 두 번, 세 번 또는 네 번 이기면 되고, B는 세 번 또는 네 번을 이겨야 한다.

남은 게임이 네 판이므로 파스칼의 삼각형에서 $(a+b)^4$의 전개식의 계수를 나타낸 다섯 번째 줄 $1, 4, 6, 4, 1$은 $(a+b)^4 = a^4 + 4a^3b + 6a^2b^2 + 4ab^3 + b^4$이므로

A가 남은 게임 중 두 번, 세 번 또는 네 번 이기는 경우는
$aaaa$, $aaab$, $aaba$, $abaa$, $baaa$, $aabb$, $abab$, $abba$, $baab$, $baba$, $bbaa$이므로 이기는 경우의 수는 열한 번이 된다. 즉, $1+4+6=11$

B가 남은 게임 중 세 번 또는 네 번 이기는 경우는
$abbb$, $babb$, $bbab$, $bbba$, $bbbb$로 모두 다섯 번이 된다. 즉, $4+1=5$
따라서 판돈은 $11:5$로 분배하면 된다.

파스칼의 삼각형에서 또 다른 성질은 어떤 것이 있는지 알아보자.
위에서 판돈을 분배하는 과정에서 알아본 바와 같이 각 행은 [그림 4-2]와 같이 경우의 수를 나타내고 있다.

2) 이항정리

이항정리는 뉴턴에 의해 연구되었으며

$(a+b)^n$인 다항식의 전개식은

$(a+b)^n = \sum_{r=0}^{n} {}_nC_r \, a^r b^{n-r} = \sum_{r=0}^{n} \binom{n}{r} a^r b^{n-r}$, $0 \leq r \leq n$인 정수인 형

태로 나타내어지는데 이를 이항정리라고 한다.

이를 수학적 귀납법으로 증명하면

$n=0$인 경우

$(a+b)^0 = 1$ 자명하다.

$n=k$일 때 $(a+b)^k = \sum_{r=0}^{k} {}_kC_r \, a^{k-r} b^r$라고 가정하자.

$n=k+1$인 경우

$$(a+b)^{k+1} = (a+b)(a+b)^k = (a+b) \sum_{r=0}^{k} {}_kC_r \, a^{k-r} b^r$$

$$= a \sum_{r=0}^{k} {}_kC_r \, a^{k-r} b^r + b \sum_{r=0}^{k} {}_kC_r \, a^{k-r} b^r$$

$$= a^{k+1} + \sum_{r=1}^{k} ({}_kC_r + {}_kC_{r-1}) a^{k+1-r} b^r + b^{k+1}$$

$$= a^{k+1} + \sum_{r=1}^{k} {}_{k+1}C_r \, a^{k+1-r} b^r + b^{k+1}$$

$$= \sum_{r=0}^{k+1} {}_{k+1}C_r \, a^{k+1-r} b^r$$

따라서, $n=k+1$일 때 성립한다.

그러므로 이항정리는 임의의 자연수 n에 대하여 성립한다.

[그림 4-1]에서 각 행의 숫자는 이항정리에서 각 항의 계수를 나

타내고 있다.

조합으로 표현된 [그림 4-2]에서도 마찬가지로 각 행의 숫자는 이항정리에서 각 항의 계수를 나타내고 있다.

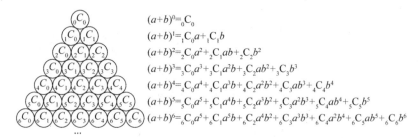

$$(a+b)^0 = {}_0C_0$$
$$(a+b)^1 = {}_1C_0a + {}_1C_1b$$
$$(a+b)^2 = {}_2C_0a^2 + {}_2C_1ab + {}_2C_2b^2$$
$$(a+b)^3 = {}_3C_0a^3 + {}_3C_1a^2b + {}_3C_2ab^2 + {}_3C_3b^3$$
$$(a+b)^4 = {}_4C_0a^4 + {}_4C_1a^3b + {}_4C_2a^2b^2 + {}_4C_3ab^3 + {}_4C_4b^4$$
$$(a+b)^5 = {}_5C_0a^5 + {}_5C_1a^4b + {}_5C_2a^3b^2 + {}_5C_3a^2b^3 + {}_5C_4ab^4 + {}_5C_5b^5$$
$$(a+b)^6 = {}_6C_0a^5 + {}_6C_1a^5b + {}_6C_2a^4b^2 + {}_6C_3a^3b^3 + {}_6C_4a^2b^4 + {}_6C_5ab^5 + {}_6C_6b^6$$

[그림 4-2]

또, 파스칼 삼각형에서 각 행의 합은 [그림 4-3]과 [그림 4-4]와 같이 2의 거듭제곱으로 나타내어진다.

예를 들면, ${}_6C_0 + {}_6C_1 + {}_6C_2 + {}_6C_3 + {}_6C_4 + {}_6C_5 + {}_6C_6 = 2^6$에서

${}_6C_0 + {}_6C_2 + {}_6C_4 + {}_6C_6$의 값은 ${}_6C_0 + {}_6C_1 + {}_6C_2 + {}_6C_3 + {}_6C_4 + {}_6C_5$

$+ {}_6C_6$의 값의 절반이 되어 ${}_6C_0 + {}_6C_2 + {}_6C_4 + {}_6C_6 = 2^5$이 된다.

같은 방법으로

${}_6C_1 + {}_6C_3 + {}_6C_5 = 2^5$이 성립한다.

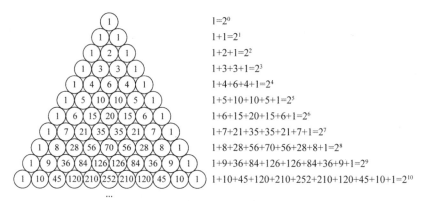

$1 = 2^0$
$1+1 = 2^1$
$1+2+1 = 2^2$
$1+3+3+1 = 2^3$
$1+4+6+4+1 = 2^4$
$1+5+10+10+5+1 = 2^5$
$1+6+15+20+15+6+1 = 2^6$
$1+7+21+35+35+21+7+1 = 2^7$
$1+8+28+56+70+56+28+8+1 = 2^8$
$1+9+36+84+126+126+84+36+9+1 = 2^9$
$1+10+45+120+210+252+210+120+45+10+1 = 2^{10}$

[그림 4-3]

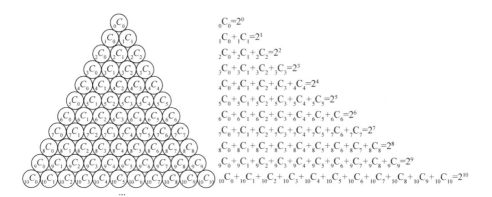

$$_0C_0=2^0$$
$$_1C_0+_1C_1=2^1$$
$$_2C_0+_2C_1+_2C_2=2^2$$
$$_3C_0+_3C_1+_3C_2+_3C_3=2^3$$
$$_4C_0+_4C_1+_4C_2+_4C_3+_4C_4=2^4$$
$$_5C_0+_5C_1+_5C_2+_5C_3+_5C_4+_5C_5=2^5$$
$$_6C_0+_6C_1+_6C_2+_6C_3+_6C_4+_6C_5+_6C_6=2^6$$
$$_7C_0+_7C_1+_7C_2+_7C_3+_7C_4+_7C_5+_7C_6+_7C_7=2^7$$
$$_8C_0+_8C_1+_8C_2+_8C_3+_8C_4+_8C_5+_8C_6+_8C_7+_8C_8=2^8$$
$$_9C_0+_9C_1+_9C_2+_9C_3+_9C_4+_9C_5+_9C_6+_9C_7+_9C_8+_9C_9=2^9$$
$$_{10}C_0+_{10}C_1+_{10}C_2+_{10}C_3+_{10}C_4+_{10}C_5+_{10}C_6+_{10}C_7+_{10}C_8+_{10}C_9+_{10}C_{10}=2^{10}$$

[그림 4-4]

[그림 $4-5$]에서 $1+3+6+10+15+21=56$은

[그림 $4-6$]에서 $_2C_0+_3C_1+_4C_2+_5C_3+_6C_4+_7C_5=_8C_5$ 가 됨을

나타낸다.

그림에서 나타나듯 하키에서 스틱 모양으로 생겨서 이를 스틱 정리

라고 한다.

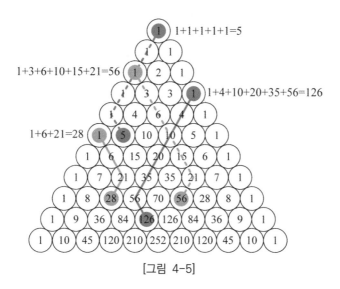

[그림 4-5]

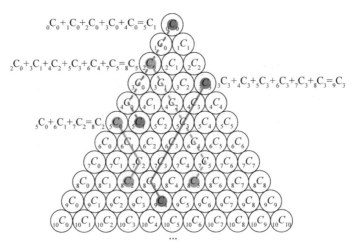

[그림 4-6]

3) 다항 정리

세 개의 항 a, b, c를 가지는 전개식도 이항정리와 같은 방법으로 생각한다.

a, b, c가 들어 있는 n개의 주머니에서 n개(a를 i개, b를 j개, c를 $n-i-j$개) 뽑는 방법의 수를 찾는 문제와 같다.

$$(a+b+c)^n = \sum_{i=0}^{n}\sum_{j=0}^{n-i} {_n}C_i \; {_{n-i}}C_j \, a^i b^j c^{n-i-j}$$

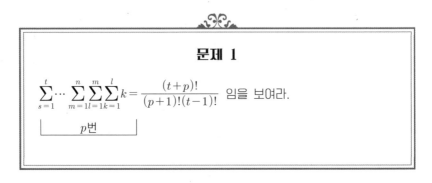

문제 1

$\displaystyle \underbrace{\sum_{s=1}^{t} \cdots \sum_{m=1}^{n}}_{p번} \sum_{l=1}^{m}\sum_{k=1}^{l} k = \frac{(t+p)!}{(p+1)!(t-1)!}$ 임을 보여라.

수학적 귀납법에 의해

i) $p=1$일 때, 좌변 $\displaystyle\sum_{k=1}^{l} k = \frac{l(l+1)}{2}$

우변은, $t=l$이므로 $\dfrac{(l+p)!}{(p+1)!(l-1)!}$ 에서 $\dfrac{(l+1)!}{2!(l-1)!}=\dfrac{l(l+1)}{2}$ 이므로 참!

ii) $p=r$일 때, $\displaystyle\sum_{s=1}^{t}\cdots\sum_{m=1}^{n}\sum_{l=1}^{m}\sum_{k=1}^{l} k = \frac{(t+r)!}{(r+1)!(t-1)!}$ 이 성립한다고

가정하면

$p=r+1$일 때, $\displaystyle\sum_{t=1}^{u}\sum_{s=1}^{t}\cdots\sum_{m=1}^{n}\sum_{l=1}^{m}\sum_{k=1}^{l} k = \frac{(u+r+1)!}{(r+2)!(u-1)!}$ +이 성립함을 보

이면 된다.

$\displaystyle\sum_{t=1}^{u} \frac{(t+r)!}{(r+1)!(t-1)!} = \frac{(u+r+1)!}{(r+2)!(u-1)!}$ 임을 보이면 되므로

$\displaystyle\sum_{t=1}^{u} \frac{(t+r)!}{(r+1)!(t-1)!}$

$= \dfrac{(1+r)!}{(r+1)!\,0!} + \dfrac{(2+r)!}{(r+1)!1!} + \dfrac{(3+r)!}{(r+1)!2!} + \cdots + \dfrac{(u+r)!}{(r+1)!(u-1)!}$

$= {}_{r+1}C_{r+1} + {}_{r+2}C_{r+1} + {}_{r+3}C_{r+1} + \cdots + {}_{r+u}C_{r+1}$

$= {}_{r+u+1}C_{r+2}$ $(\because$ 스틱 정리$)$

$= \dfrac{(r+u+1)!}{(r+2)!(u-1)!}$ 성립

따라서, $\displaystyle\sum_{s=1}^{t}\cdots\sum_{m=1}^{n}\sum_{l=1}^{m}\sum_{k=1}^{l} k = \frac{(t+p)!}{(p+1)!(t-1)!}$ 성립한다.

4) 심프슨의 역설(simpson's paradox)

심프슨의 역설은 각 소집단에서 보이는 경향이 전체 집단에서도 같다고 생각할 수 없다는 것이다. 따라서, 여론조사 등에서 지역별 통계를 구해 어떤 특성을 파악하게 되었다고 해도 전체 통계에서도 그러한 특성이 있다고 볼 수 없다. 이러한 현상은 많이 발생하는 오류로 대부분의 사람은 이를 의심 없이 받아들이는 경향이 있다.

[표 1]은 A대학교의 전기전자과와 바이오약학과에 지원한 학생 수와 합격한 학생 수를 나타낸 표이다.

[표 1] A대학교 지원자 수 (합격자수)

A대학교	남자	여자	계
전기전자과 (정원 108명)	100(60)	80(48)	180(108)
바이오약학과 (정원 50명)	40(20)	60(30)	100(50)
계	140(80)	140(78)	280(158)

[표 2]는 전기전자과의 합격률을 [표 3]은 바이오약학과의 합격률을 표로 나타낸 것이다.

[표 2] 전기전자과 합격률

전기전자과	응시자수	합격자수	합격률
남자	100	60	60%
여자	80	48	60%

[표 2]에서 전기전자과를 지원한 학생의 합격률은 남학생과 여학생 모두 60%의 합격률을 나타내었고, [표 3]에서 바이오약학과를 지원한

학생의 합격률은 남학생과 여학생 모두 50%로 두 과에서 남녀 모두 같은 합격률을 나타내었다.

[표 3] 바이오약학과 합격률

바이오약학과	응시자수	합격자수	합격률
남자	40	20	50%
여자	60	30	50%

그러면, A대학교에서 전기전자과와 바이오약학과에 지원한 전체 학생의 남녀 합격률은 같다고 말할 수 있는가?

[표 4]는 전기전자과와 바이오약학과에 지원한 전체 학생의 합격률을 표로 나타낸 것이다.

[표 4] A대학교 지원자수 (합격자수)

전체	응시자수	합격자수	합격률
남자	140	80	57.1%
여자	140	78	55.7%

[표 4]에서 나타나듯 A대학교에 응시한 남학생과 여학생 수는 같지만, 합격자 수가 다르다는 걸 알 수 있다. 따라서, 학과별로 남녀의 합격률은 모두 같았지만 이를 근거로 하여 전체 남녀학생의 합격률이 같다고 말할 수 없다.

이렇게 부분적인 결과와 전체적인 결과가 다른 이유는 각 학과의 정원이 다르고 그 정원에 따른 남녀의 비율이 다르기 때문이다.

5) 게임이론

영화 「뷰티풀 마인드(A Beautiful Mind)」로 우리에게 잘 알려진 존 내시(John Forbes Nash, 1928~2015)는 미국의 수학자로 22세에 쓴 박사 논문 「비협조적 게임(Non-Cooperative Games)」으로 66세가 되는 1994년에 노벨경제학상을 수상하였다. 또, 2015년엔 편미분방정식을 통한 다양체 연구에 대한 업적으로 아벨상을 수상하였다. 30대 초반 필즈상 후보에 올랐으나 아직 젊어 나중에 얼마든지 수상할 기회가 있을 것으로 생각하여 다른 후보에게 필즈상을 양보하였는데 그 이후에 조현병이 발병되면서 필즈상은 받지 못하였다.

존 내시가 대학원에 진학할 때 당시 지도교수였던 리처드 더핀(Richard Duffin)이 "이 학생은 수학 천재입니다(he is a mathematical genius)"라는 한 문장으로만 된 추천서로 하버드, 프린스턴대학교 등 여러 대학에 합격한 것으로도 유명하다.

존 내시는 제자인 알리샤와 결혼하였는데, 이혼 후 알리샤는 존 내시를 돌봐주기 위해 다시 결합하였다.

존 내시는 노벨경제학상을 받고 수상소감을 객석에 앉아있는 아내를 향하여 다음과 같이 말했다.

> "제 인생의 가장 중요한 발견은 신비롭고 헌신적인 사랑이었습니다.
> 거기엔 어떠한 논리적인 이유도 없었죠.
> 당신 덕분에 내가 여기까지 왔습니다.
> 당신은 내 존재 이유이며, 당신은 나의 모든 이유입니다."

존 내쉬는 리만가설을 증명하기 위해 집착하였고, 리만가설 관련 강연을 하다가 조현병이 발병된 걸로 알려져 있다. 또, 미국과 소련의 냉전 시대에 소련의 암호해독 프로젝트에 참여하게 되면서 소련의 스파이가 자신을 감시하고 있다는 망상에 시달리기도 했다.

존 내쉬는 2015년 5월 19일 아벨상을 받고 미국에 도착하여 공항에서 택시를 타고 집으로 가는 길에 부인과 함께 교통사고로 사망하였다.

존 내쉬는 아벨상 수상 인터뷰에서 노벨상과 아벨상 중 어느 상이 더 가치 있게 느껴지느냐는 질문에 $\frac{1}{2}$이 $\frac{1}{3}$보다 낫지 않겠느냐는 답변을 하였다고 한다. 노벨상은 최대 2명까지 공동수상이 가능하고, 아벨상은 최대 3명까지 공동수상이 가능한 것을 염두에 두고 한 말이다.

자신의 판단과 전략, 상대방의 판단과 전략에 따라 결과가 달라지고 이 결과에 따라 이해관계가 상반될 때 이러한 상황을 갈등 상황이라고 한다. 이 갈등 상황에 처해있는 사람은 상대방의 행동을 추측하고 이에 따라 자신의 이익을 최대로 할 수 있도록 행동을 취하려 한다. 게임이론(game theory)은 이런 상황에서 최적의 의사결정을 위한 것이다.

게임이론을 처음으로 생각한 사람은 헝가리 출신인 희대의 천재 폰 노이만(John von Neumann)이다. 폰 노이만과 모르겐슈테른(Morgenstern)이 1944년 출간한 『게임의 이론과 경제적 행동(Theory of Games and Economic Behavior)』이 게임이론의 시작으로 볼 수 있다. 이후 1950년 존 내시의 박사학위 논문에서 내시균형이 나오면서 게임이론이 본격적으로 발전하게 된다.

게임이론 중 가장 많이 알려진 두 가지를 살펴보자

(1) 죄수의 딜레마

죄수 A와 B가 있고 조사관이 두 죄수를 따로 취조한다. 이때 증거가 없는 상황이고 자백에만 의존해야 하는 상황에서 조사관은 죄수의 죄명을 밝혀내기 위해 조건을 건다.

만약 네가 자백하고, 옆방에 있는 다른 죄수도 죄를 자백하면 둘 다 5년 형을 받는다.

너는 자백했는데 다른 죄수는 자백하지 않을 경우 너는 풀려나고 다른 죄수는 20년 형을 받는다.

반대로 너는 묵비권을 행사하고, 옆방 죄수는 자백한 경우 너는 20년 형을 받고 다른 죄수는 풀려난다.

만약 둘 다 묵비권을 행사할 경우 둘 다 1년 형을 받는다.

이를 표로 나타내면

		죄수 B	
		자백	묵비권
죄수 A	자백	$(-5, -5)$	$(0, -20)$
	묵비권	$(-20, 0)$	$(-1, -1)$

이 게임에는 우월전략이 있다. 둘 다 자백하는 상황이다.

표에서 죄수 A는 자백할 경우 5년 형 또는 석방이고, 묵비권을 행사할 경우 20년 또는 1년 형이므로 상대방의 결정에 상관없이 자백하는 것이 유리하다.

둘 다 묵비권을 행사하여도 1년 형을 받을 수 있기 때문이다.

(2) 총잡이 이론

세 명의 총잡이가 서로 결투를 벌인다.

Mr. Black은 명중률 100%이다.

Mr. Gray는 명중률 70%이다.

Mr. White는 명중률이 30%이다.

세 명의 총잡이들은 서로의 사격 실력을 알고 있다. 서로의 실력 차를 고려하여 White → Gray → Black 순으로 총을 쏘고, 한 번에 한 발만 쏠 수 있다.

한 사람만 살아남을 때까지 결투는 계속된다.

이때, White는 생존율을 높이기 위해 어떻게 쏴야 하는가?

ⅰ) 화이트가 블랙을 쏴 성공한 경우

그레이가 먼저 공격하게 된다.

화이트가 생존할 경우는 아래 표와 같다.

	1회	2회	3회	4회	⋯
그레이	X	X	X	X	
화이트	O	O	O	O	

이를 식으로 나타내면

$(0.3 \times 0.3) + (0.3 \times 0.7 \times 0.3 \times 0.3) + (0.3 \times 0.7 \times 0.3 \times 0.7 \times 0.3 \times 0.3) + \cdots$

$= 0.09 + 0.09 \times 0.21 + 0.09 \times (0.21)^2 + \cdots$

$= \dfrac{0.09}{1 - 0.21} = 11.39\%$

ⅱ) 화이트가 그레이를 쏴 성공한 경우

블랙이 먼저 공격하게 된다. 블랙의 명중률은 100%이므로 생존할 확률은 0%이다.

ⅲ) 화이트가 누구도 명중시키지 못한 경우

이 경우는 다음 차례인 그레이가 자신이 살아남을 확률을 높이기 위해 블랙을 쏴야 한다. 블랙을 명중시킬 경우와 그렇지 않은 경우로 생각해볼 수 있다.

① 그레이가 블랙을 명중시키지 못한 경우

다음 차례인 블랙은 명중률이 높은 그레이를 먼저 제거한다. 다음 차례인 화이트는 자신이 성공하지 못하면 살아남을 수 없어 살아남는 경우는 명중시키는 경우이다.

따라서, 살아남을 확률은 30%이다.

② 그레이가 블랙을 명중시킨 경우

화이트가 선제공격권을 갖고 살아남기 위해서는 화이트가 성공할 때까지 그레이는 계속 실패해야 한다.

	1회	2회	3회	4회	···
그레이		X	X	X	
화이트	O	O	O	O	

이를 식으로 나타내면

$$(0.3) + (0.7 \times 0.3 \times 0.3) + (0.7 \times 0.3 \times 0.7 \times 0.3 \times 0.3) + \cdots$$

$$= 0.3 + 0.3 \times 0.21 + 0.3 \times (0.21)^2 + \cdots$$

$$= \frac{0.3}{1 - 0.21} = 37.97\%$$

①, ②의 경우에서

①에서 그레이가 블랙을 명중시키지 못하고 화이트가 블랙을 명중시킨 경우이므로

$$0.3 \times 0.3 = 0.09$$

②에서 그레이가 블랙을 명중시키고 화이트가 살아남을 확률이 37.97%이므로

$$0.7 \times 0.3797 = 0.2658$$

① 또는 ②이므로

$$0.09 + 0.2658 = 0.3558 \ \text{즉, } 35.58\% \text{이다.}$$

ⅰ), ⅱ), ⅲ)에서 화이트가 살아남을 확률이 가장 높은 경우는 ⅲ)으로 누구도 명중시키지 않는 것이다. 따라서 화이트는 처음 순서에서 허공에 대고 쏘는 것이 살아남을 확률이 가장 높다.

게임이론은 20세기에 이루어진 경제학의 발전 중 가장 중요한 성과의 하나이다. 게임이론은 산업조직론, 공공경제학 등 다양한 분야에

도입되어 질적인 도약을 가져왔으며 1970년대 이후에는 정보경제학 (Information Economics)이라는 새로운 분야의 탄생을 가져왔다. 또한, 경제학을 넘어 정치학, 외교학, 사회학, 생물학 등 다양한 학문에 접목 되어 이용되었다.

최근 게임이론은 IT 분야에서 많이 활용되고 있는데 암호화폐, 인 공지능에서도 이용된다. 비트코인에서 비잔티움 장애 허용이 게임이론 이다. 인공지능에서는 딥러닝에 쓰이는 생산적 대립 신경망(Generative Adversarial Network; GAN)은 게임이론 중 제로섬게임을 이용한 것이 다. 이외에 자율주행차에서도 많이 이용되고 점차 그 범위가 확대되 는 추세이다.

6) 조합론의 난제 리드 추측, 로타 추측을 증명한 허준이 교수

2022년 7월 5일 16시 핀란드 헬싱키에서 필즈상 수상자가 발표되 었다. 4년마다 수여하는 수학계에서 가장 권위 있는 상으로 수학의 노 벨상으로 불린다.

현재까지 일본은 3명, 중국은 1명이 필즈상을 수상했지만, 우리나 라에선 처음으로 허준이 교수가 수상자가 되었다.

허준이(June Huh, 1983~) 교수는 캘리포니아에서 태어나서 국내에 서 석사과정까지 마쳤다.

고등학생 때에는 기형도 시인의 시를 좋아하여 시인을 꿈꾸었고, 대학생 시절엔 과학 기자를 꿈꾸던 평범한 학생이었다.

검정고시로 서울대학교에 입학하여 천문학과 물리학을 전공하였는 데, 필즈상 수상자이자 『학문의 즐거움』이란 책으로 우리에게 잘 알려 진 히로나카 헤이스케 교수의 수학 강의를 들으면서 수학에 관심을 갖 게 되는 전환점이 되었다고 한다. 첫 강의에 200명이 넘었던 학생이 마지막 강의에 5명이 남았다고 한다. 수학을 전공한 학생들도 강의내용이 어려워 중도 포기하였는데 비전공자인 허준이 교수는 마지막 강의까지 들은 학생이었다. 서울대학교에서 수학과 석사과정을 마치고 미국 미시간대학교에서 2014년 박사학위를 받고 2020년부터 프린스턴대학교 수학과 교수로 재직 중이다.

리드 추측은 1968년 영국 수학자 로널드 리드가 제시한 조합론 문제이다. 이후 리드 추측을 확장한 로타 추측이 1971년 미국 수학자 잔 카를로 로타가 제시하였다. 확률에서 조합론에 해당하는 꼭짓점과 변으로 이뤄진 그래프를 채색하는 가짓수를 표현하는 식을 채색 다항식이라고 부르는데 이 채색 다항식의 계수가 가진 성질에 대한 리드 추측은 1968년 제시된 이래 증명되지 않은 난제였다. 이 난제를 허준이 교수는 2012년 박사과정 중에 증명하여 세계적인 수학자 반열에 올랐다. 이어 2018년 로타 추측까지 풀어내면서 다시 한번 세계를 놀라게 하였다. 리드 추측, 로타 추측 모두 경우의 수에 관한 것인데 서로 다른 영역인 조합론을 대수기하학을 이용하여 문제를 해결하였다. 서로 다른 수학 분야의 경계를 넘어 풀어낸 것을 조합론의 혁명으로 평가받고 있다. 허준이 교수는 이 외에도 강한 메이슨 추측, 다울링 – 윌슨 추측, 브리로스키 추측 등 여러 난제를 증명하였다.

05
중국인의 내뻐지
정리

중국인의 나머지 정리
Chinese remainder theorem, CRT

고대 중국 문명은 황하강 중심으로 발생하였는데, 고대 이집트의 나일강 지역과 마찬가지로 황하강 유역의 범람으로 인한 치수 사업과 관련하여 수학이 발달하였다.

[그림 5-1]은 중국 신장(新疆) 위구르 지역 투르판 아스타나(阿斯塔那)의 묘실 천장에 부착되어 있었던 복희여와도이다. 천지창조를 주제로 한 중국 신화를 표현한 것으로 신화 속의 남신(男神) 복희와 여신(女神) 여와가 상반신은 사람, 하반신은 뱀으로 묘사되어 있다.

오른쪽의 남신 복희는 왼손에 측량을 위한 곡척(曲尺, 직각자)을 들고 있고, 왼쪽의 여와는 오른손으로 컴퍼스를 들고 있다. 한자에서 컴퍼스는 규(規)로, 자는 칙(則)으로 바뀌어 규칙(規則)이라는 단어가 만들어졌다.

중국 신화에서도 나타나듯 고대 중국인들은 자와 컴퍼스를 이용한 작도에 매우 관심이 높았음을 알 수 있다. 그러나 아쉽게도 고대 중국인들은 그들의 지식을 보존이 어려운 대나무에 기록하였고, 기원전 213년 진시황의 분서갱유 사건으로 그 이전의 기록은 대부분 소실되었다.

[그림 5-1]

　중국에서 가장 오래된 수학책으로 알려진 『주비산경(周髀算經)』에 소개되어있는 구고현 정리(피타고라스 정리)는 진자가 발견한 것으로 피타고라스가 발견한 것보다 500년이나 앞선 것이다. 피타고라스 정리는 약 3500년 전 메소포타미아 문명에서도 쐐기문자로 만든 수학책에도 나타나 있으며 인도 문명, 이집트 문명에도 나타난다. 당시 문명의 발상지는 서로 문화적 교류 없이 독자적으로 이루어졌으며, 기하학의 발전과정에서 자연스럽게 나타난 것으로 보인다.

현재 전해져오는 대표적인 수학책은 한(漢)나라 때 쓰인 『구장산술(九章算術)』로 정확한 원저자는 알려지지 않았지만, 동양의 유클리드 『원론』이라고 불린다. 『구장산술』은 중국 산학의 발달 방향을 결정지었으며 우리나라뿐만 아니라 일본, 베트남과 중세 인도에 이르기까지 커다란 영향을 미쳤다.

송나라 가헌(賈憲, 1010~1070)은 파스칼의 삼각형을 처음으로 생각해냈다. 하지만 기록만 있을 뿐 현존하는 책은 없다. 파스칼의 삼각형은 중국에서 유럽으로 전해진 것으로 알려져 있다.

중국에서는 송대 후반기(13세기 중엽) 원나라 전반기(14세기 초)에 이르기까지 수학의 황금기를 이룬다. 중국의 4대가(大家)인 이야(李冶, 1192~1279), 진구소(秦九韶, 1208~1261), 양휘(楊輝,1238~1298), 주세걸(朱世傑, 1249~1314)이 이 시기에 활동했다. 진구소는 『수서구장』에서 부정방정식을 다루었고, 양휘(楊輝, 1238~1298)는 『양휘산법』, 『상해구장산법』을 저술하였는데 『양휘산법』에는 이항정리와 마방진을 연구한 내용을 기록하였으며, 마방진을 최초로 기록한 수학책이다. 뒤러(Albrecht Durer, 1471~1528)의 판화작품 멜랑콜리아(Melencolia I , 1514년)에 나오는 마방진보다 239년이 앞선다. 『상해구장산법』은 『구장산술』에 대한 주석으로 가헌의 파스칼 삼각형을 발전시킨 내용이 있으며, 파스칼의 삼각형 내용이 기록된 세계에서 가장 오래된 책이다. 주세걸은 당대 최고의 수학자로 방랑 생활을 하며 제자를 키워낸 것으로 유명하다. 주세걸의 저서 중 『산학계몽』은 제자를 교육하는 교과서로 만들었으며 우리나라와 일본 수학에 많은 영향을 끼쳤다.

우리나라 조선시대 『신편산학계몽』, 『양휘산법』, 『상명산법』은 산원(算員)[1]을 뽑는 고시 과목으로 사용되었으며 조선시대 산학(算學, 수

---

1 산학(算學, 수학)을 토대로 조세를 포함한 국가 회계, 측량업무를 담당했던 전문가.

학)의 중심이 된 책이다.

중국인의 나머지 정리는 5세기 중국 남북조시대의 중국 수학서 『손자산경(孫子算經)』에 최초로 등장하였다.

『손자산경』 하권 26번에 다음과 같은 문제가 있다.

개수를 알지 못하는 물건이 있다. 셋씩 세면 두 개가 남고, 다섯씩 세면 세 개가 남고, 일곱씩 센다면 두 개가 남는다. 물건의 개수는 몇 개인가?

각 각의 몫을 l, m, n, 물건의 개수를 x라고 하면

$$\begin{cases} x = 3l + 2 \\ x = 5m + 3 \\ x = 7n + 2 \end{cases}$$

합동식으로 나타내면

$$\begin{cases} x \equiv 2 \,(\mathrm{mod}3) \\ x \equiv 3 \,(\mathrm{mod}5) \\ x \equiv 2 \,(\mathrm{mod}7) \end{cases}$$

$35 \equiv 2(\mathrm{mod}3) \equiv 0(\mathrm{mod}5) \equiv 0(\mathrm{mod}7)$, 35의 배수 중 3으로 나누어 나머지가 2인 것

$63 \equiv 0(\mathrm{mod}3) \equiv 3(\mathrm{mod}5) \equiv 0(\mathrm{mod}7)$, 21의 배수 중 5로 나누어 나머지가 3인 것

+ $30 \equiv 0(\mathrm{mod}3) \equiv 0(\mathrm{mod}5) \equiv 2(\mathrm{mod}7)$, 15의 배수 중 7로 나누어 나머지가 2인 것

___

$128 \equiv 2(\mathrm{mod}3) \equiv 3(\mathrm{mod}5) \equiv 2(\mathrm{mod}7) \equiv x \,(\mathrm{mod}\, 3 \times 5 \times 7)$

$x = 23(\mathrm{mod}105), \ x = 105n + 23 \ (n = 0, 1, 2, \cdots)$

이 문제는

$$\begin{cases} x = 3l + 2 \\ x = 5m + 3 \\ x = 7n + 2 \end{cases} \Rightarrow 3l + 2 = 5m + 3 = 7n + 2$$으로 표현되는 부정방정

식 문제이다.

다른 방법으로 풀이를 생각해 보면

$3, 5, 7$이 서로 소이므로 아래 식과 같이 1과 합동이 되는 값이 존재한다.

1과 합동이 되는 값을 찾으면 문제 조건에 맞게 양변을 곱해주어 아래와 같이 계산할 수 있다.

$$\begin{cases} x \equiv 2 \pmod 3 \\ x \equiv 3 \pmod 5 \\ x \equiv 2 \pmod 7 \end{cases} \Rightarrow \begin{cases} 35l \equiv 1 \pmod 3 \\ 21m \equiv 1 \pmod 5 \\ 15n \equiv 1 \pmod 7 \end{cases} \Rightarrow \begin{cases} 70 \equiv 1 \pmod 3 \\ 21 \equiv 1 \pmod 5 \\ 15 \equiv 1 \pmod 7 \end{cases} \Rightarrow$$

$$\begin{cases} 140 \equiv 2 \pmod 3 \\ 63 \equiv 3 \pmod 5 \\ 30 \equiv 2 \pmod 7 \end{cases}$$

$$x \equiv 140 + 63 + 30 \pmod{105}$$
$$x = 23 + 105n, \, n = 0, 1, 2, \cdots$$

문제 1

$$\begin{cases} x \equiv 5 \pmod 7 \\ x \equiv 6 \pmod{10} \\ x \equiv 3 \pmod{11} \end{cases}$$ 을 만족하는 x값을 구하여라.

풀이
$$\begin{cases} x \equiv 5 \pmod 7 \\ x \equiv 6 \pmod{10} \\ x \equiv 3 \pmod{11} \end{cases} \Rightarrow \begin{cases} 110 \equiv 5 \pmod 7 \\ 77m \equiv 1 \pmod{10} \\ 70n \equiv 1 \pmod{11} \end{cases} \Rightarrow$$

$$\begin{cases} 110 \equiv 5 \pmod 7 \\ 231 \equiv 1 \pmod{10} \\ 210 \equiv 1 \pmod{11} \end{cases} \Rightarrow \begin{cases} 110 \equiv 5 \pmod 7 \\ 1386 \equiv 6 \pmod{10} \\ 630 \equiv 3 \pmod{11} \end{cases}$$

$$2126 \equiv x \pmod{770}$$

$$x = 586 + 770n, \, n = 0, 1, 2, \cdots$$

1) 유클리드 호제법(Euclidean algorithm)

나눗셈 정리는 $a = bq + r, b \neq 0, 0 \leq r \leq |b|$가 되는 q, r이 유일하게 존재한다는 것이다.

위의 식에서

$r = a - bq$가 된다.

d가 a, b이 공약수라면 $a - bq$는 d로 나누어진다. $a - bq = r$이므로 r은 d로 나누어진다. 이러한 방법으로 최대공약수를 구하는 것을 유클리드 호제법이라고 한다.

중학교 수학 교과서에 소개된 최대공약수를 구하는 방법과 달리 유클리드 호제법을 쓰는 이유는 공약수를 찾기 어려운 큰 수의 최대공약수를 구하는 방법에 아주 유용하다.

예를 들어 $1071, 1029$의 최대공약수를 구하여보자.

$1071, 1029$의 최대공약수를 $(1071, 1029)$로 나타내기로 하자.
$1071 = 1029 \times 1 + 42$에서
$1029 = 42 \times 24 + 21$
$24 = 21 \times 2 + 0$
따라서, $(1071, 1029) = (1029, 42) = (42, 21) = 21$

다항식에서도 같은 방법으로 생각할 수 있다.
$x^4 + x^3 + x - 1, x^3 - x^2 + x - 1$의 최대공약수는
$x^4 + x^3 + x - 1 = (x^3 - x^2 + x - 1)(x + 2) + x^2 + 1$
$x^3 - x^2 + x - 1 = (x^2 + 1)(x - 1) + 0$
따라서,
$(x^4 + x^3 + x - 1, \ x^3 - x^2 + x - 1) = (x^3 - x^2 + x - 1, \ x^2 + 1) = x^2 + 1$
따라서 최소공배수는 $x^2 + 1$

그럼, 유클리드 호제법을 이용하여 1차 부정방정식 $17x + 5y = 1$을 만족하는 정수 x, y를 구하여보자.

$$(5 \times 3 + 2)x + 5y = 1$$
$$5(3x + y) + 2x = 1$$
$$3x + y = z \text{로 치환}$$

$$5z + 2x = 1$$
$$(2 \times 2 + 1)z + 2x = 1$$
$$2(2z + x) + z = 1$$
$$2z + x = w \text{로 치환}$$

$$2w + z = 1$$
$$w = 0, z = 1 \text{이므로}$$
$$x = -2, y = 7$$

여기서 x, y는 여러 해 중 하나인 특수해이다.

일반해는 $x = -2 + 5n$, $y = 7 - 17n$, n은 정수

문제 2

$5x + 3y = 50$을 만족하는 정수 x, y를 구하여라.

간단한 형태로 만들기 위해 양변을 50으로 나누면

$$5\frac{x}{50} + 3\frac{y}{50} = 1$$

let $\dfrac{x}{50} = m, \dfrac{y}{50} = n$

$5m + 3n = 1$

$3(m+n) + 2m = 1$

let $m + n = t$

$3t + 2m = 1$

$2(t+m) + t = 1$

let $t + m = s$

$2s + t = 1$

$s = 0, t = 1$

따라서, $m = -1, n = 2$

$5m + 3n = 1$에서

양변에 50을 곱하면

$5(50m) + 3(50n) = 50$

따라서, $5x + 3y = 50$의 특정해 $x = -50, y = 100$

일반해는 $x = -50 + 3n, y = 100 - 5n, n$은 정수

2) 페르마의 소정리 (Fermat's Little Theorem)

먼저, 합동식에서 몇 가지 기본 정리를 살펴보자.

정리 1. $ac \equiv bc \,(\text{mod}\, m)$이고 $(c, m) = 1$이면 $a \equiv b \,(\text{mod}\, m)$

예 1) $2x \equiv 1 \,(\text{mod}\, 7)$

$\qquad 2x \equiv 8 \,(\text{mod}\, 7)$

$\qquad x \equiv 4 \,(\text{mod}\, 7)$

정리 2. $ac \equiv bc \,(\text{mod}\, m)$이고 $(c, m) = d$이면 $a \equiv b \,(\text{mod}\, \frac{m}{d})$

예 1) $2x \equiv 4 \,(\text{mod}\, 6)$

$\qquad x \equiv 2 \,(\text{mod}\, 3)$

정리 3.

1) $ax \equiv b \,(\text{mod}\, m)$가 해를 가지고 있지 않다. $\Leftrightarrow$ (a, m)가 b를 나누지 못한다.

2) (a, m)가 b를 나누면 (a, m)개의 해를 가지고 있다.

예 1) $2x \equiv 1 \,(\text{mod}\, 4)$ $2x \equiv 1 \equiv 5 \equiv 9 \equiv \cdots \,(\text{mod}\, 4)$ 해가 없다

예 2) $2x \equiv 4 \,(\text{mod}\, 6)$ $x \equiv 2 \,(\text{mod}\, 3)$ $x \equiv 2, 5 \,(\text{mod}\, 6)$ 두 개의 해가 있다.

예 3) $6x \equiv 6 \,(\text{mod}\, 12)$ $x \equiv 1 \,(\text{mod}\, 2)$ $x \equiv 1, 3, 5, 7, 9, 11 \,(\text{mod}\, 12)$ 6개의 해를 갖는다.

페르마는 1640년 증명 없이 아래 내용의 정리를 발표하였다. 최초로 증명한 사람은 라이프니츠로 알려져 있다. 이를 페르마의 소정리라 한다.

$$p\text{가 소수}, \ (a, p) = 1\text{이면}, \ a^{p-1} \equiv 1 \,(\text{mod}\, p)$$

증명 p로 나눈 나머지 집합은 $\{1, 2, 3, \cdots, p-1\}$이다.

$\qquad (a, p) = 1$이면

$\qquad \{a, 2a, 3a, \cdots, (p-1)a\}$에서 각 원소를 p로 나눈 나머지는

$\{1, 2, 3, \cdots, p-1\}$이다.

즉, $\{1, 2, 3, \cdots, p-1\} \equiv \{a, 2a, 3a, \cdots, (p-1)a\}(\bmod p)$

모든 원소를 곱하면 $(p-1)! \equiv a^{p-1}(p-1)!\,(\bmod p)$

$a^{p-1} \equiv 1(\bmod p)$

페르마의 소정리에 숫자를 대입하면 경이롭고 아름다운 [표 5-1]로 나타내어진다.

[표 5-1]

$1^2 \equiv 1(\bmod 3)$	$1^4 \equiv 1(\bmod 5)$	$1^6 \equiv 1(\bmod 7)$	$1^{10} \equiv 1(\bmod 11)$	$\cdots$
$2^2 \equiv 1(\bmod 3)$	$2^4 \equiv 1(\bmod 5)$	$2^6 \equiv 1(\bmod 7)$	$2^{10} \equiv 1(\bmod 11)$	$\cdots$
$4^2 \equiv 1(\bmod 3)$	$3^4 \equiv 1(\bmod 5)$	$3^6 \equiv 1(\bmod 7)$	$3^{10} \equiv 1(\bmod 11)$	$\cdots$
$5^2 \equiv 1(\bmod 3)$	$4^4 \equiv 1(\bmod 5)$	$4^6 \equiv 1(\bmod 7)$	$4^{10} \equiv 1(\bmod 11)$	$\cdots$
$7^2 \equiv 1(\bmod 3)$	$6^4 \equiv 1(\bmod 5)$	$5^6 \equiv 1(\bmod 7)$	$5^{10} \equiv 1(\bmod 11)$	$\cdots$
$8^2 \equiv 1(\bmod 3)$	$7^4 \equiv 1(\bmod 5)$	$6^6 \equiv 1(\bmod 7)$	$6^{10} \equiv 1(\bmod 11)$	$\cdots$
$10^2 \equiv 1(\bmod 3)$	$8^4 \equiv 1(\bmod 5)$	$8^6 \equiv 1(\bmod 7)$	$7^{10} \equiv 1(\bmod 11)$	$\cdots$
$11^2 \equiv 1(\bmod 3)$	$9^4 \equiv 1(\bmod 5)$	$9^6 \equiv 1(\bmod 7)$	$8^{10} \equiv 1(\bmod 11)$	$\cdots$
$13^2 \equiv 1(\bmod 3)$	$10^4 \equiv 1(\bmod 5)$	$10^6 \equiv 1(\bmod 7)$	$9^{10} \equiv 1(\bmod 11)$	$\cdots$
$14^2 \equiv 1(\bmod 3)$	$11^4 \equiv 1(\bmod 5)$	$11^6 \equiv 1(\bmod 7)$	$10^{10} \equiv 1(\bmod 11)$	$\cdots$
$16^2 \equiv 1(\bmod 3)$	$12^4 \equiv 1(\bmod 5)$	$12^6 \equiv 1(\bmod 7)$	$12^{10} \equiv 1(\bmod 11)$	$\cdots$
$\vdots$	$\vdots$	$\vdots$	$\vdots$	$\cdots$

페르마의 소정리를 이용하여 7^{121}의 마지막 두 자리 수(십의 자리, 일의 자리)를 구하여보자.

마지막 두 자릿수를 x라고 하면 $7^{121} \equiv x\,(\bmod 100)$

$07, 49, 43, 01, 07, 49, 43, 01, \cdots$ 이므로 순환마디의 길이가 4이다.

$121 \equiv 1 \,(\mathrm{mod}\,4)$이므로

$x = 07$

다른 방법으로는

$7^4 \equiv 1 \,(\mathrm{mod}\,100)$

$(7^4)^{30} \equiv 1 \,(\mathrm{mod}\,100)$

$7^{121} \equiv 7 \,(\mathrm{mod}\,100)$

따라서 마지막 두 자릿수는 07이 된다.

문제 3

$1^{64} + 2^{64} + 3^{64} + 4^{64} + 5^{64} + 6^{64} + 7^{64} + 8^{64} + 9^{64} + 10^{64} + 11^{64}$
$+ 12^{64} + 13^{64} + 14^{64} + 15^{64}$을 17로 나눈 나머지를 구하여라.

풀이 페르마의 소정리에 의해

$1^{16} \equiv 1 \,(\mathrm{mod}\,17) \Rightarrow 1^{64} \equiv 1 \,(\mathrm{mod}\,17)$

$2^{16} \equiv 1 \,(\mathrm{mod}\,17) \Rightarrow 2^{64} \equiv 1 \,(\mathrm{mod}\,17)$

...

$15^{16} \equiv 1 \,(\mathrm{mod}\,17) \Rightarrow 15^{64} \equiv 1 \,(\mathrm{mod}\,17)$

따라서 나머지는 15

페르마 소정리를 일반화한 것이 오일러 정리이다.

오일러 정리(Euler's Theorem)

n은 자연수, $(a, n) = 1$이면, $a^{\varphi(n)} \equiv 1(\mathrm{mod}\ n)$
($\varphi(n)$은 1부터 n까지의 수 중 n과 서로소인 자연수의 개수)

정의	$(a,p)=1$이면 $ax \equiv 1 (\bmod p)$는 하나의 해를 갖는다. 그 해를 a^{-1}라 하면 $aa^{-1} \equiv 1 (\bmod p)$이 되는데 이때 a^{-1}를 a의 역원이라고 한다.

5의 잉여류에 대한 곱셈표에서

*	1	2	3	4
1	1	2	3	4
2	2	4	1	3
3	3	1	4	2
4	4	3	2	1

a	1	2	3	4
a^{-1}	1	3	2	4

$a^{-1} \in \{1,2,3,4\}$임을 알 수 있다.

윌슨 정리(Wilson's Theorem)

$$p\text{가 소수(prime)} \Leftrightarrow (p-1)! \equiv -1 (\bmod p)$$

증명 p가 소수이면 $(p-1)! \equiv -1 (\bmod p)$이 성립함을 보여보자.

임의의 $k \in \{1,2,3,\cdots,p-1\}$에 대하여 $(k,p)=1$이다.

그러므로 $ak+bp=1$을 만족하는 a,b가 존재한다.

따라서, $ak \equiv 1 (\bmod p)$, $a \in \{1,2,3,\cdots,p-1\}$이므로

$a^{-1} \in \{1,2,3,\cdots,p-1\}$이다. $1^2 \equiv 1 (\bmod p)$,

$(p-1)^2 \equiv 1 (\bmod p)$이므로 1과 $p-1$은 자기 자신이 잉여 역원이다.

그러므로 $(p-1)! = 1 \times 2 \times 3 \times \cdots \times p-1$

$$\equiv 1 \times (2 \times 2^{-1}) \times (3 \times 3^{-1}) \times \cdots \times (p-1) (\bmod p)$$

$$\equiv p-1 (\bmod p)$$

$$\equiv -1 (\bmod p)$$

역으로

$(p-1)! \equiv -1 (\bmod p)$일 때 p가 소수임을 보여보자.

$(p-1)! \equiv -1 (\bmod p)$이면 $(p-1)!+1 = kp$를 만족하는 정수 k가

존재한다.

$p = ab \ (1 \leq a, b \leq p)$라고 놓고, $a < p$라고 가정하면

$a \in \{1, 2, 3, \cdots, p-1\}$이므로 $a \mid (p-1)!$ 그리고 $a \mid p$,

$(p-1)! + 1 = kp$이므로 $a \mid 1$이다.

$\therefore a = 1, b = p$이므로 p는 소수이다.

따름 정리	p가 소수(prime) $\Leftrightarrow (p-2)! \equiv 1 \,(\mathrm{mod}\, p)$

증명 윌슨 정리에서 p가 소수일 때 $(p-1)! \equiv -1 \,(\mathrm{mod}\, p)$이므로

$(p-1)!(p-1) \equiv -1 \times (p-1) \,(\mathrm{mod}\, p)$

$(p-2)!(p-1)^2 \equiv -p+1 \,(\mathrm{mod}\, p)$

$(p-2)! \equiv 1 \,(\mathrm{mod}\, p) \ (\because (p-1)^2 \equiv 1 \,(\mathrm{mod}\, p))$

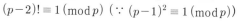

문제 4

14!을 17로 나눈 나머지를 구하여라.

풀이 따름 정리에서

$15! \equiv 1 \,(\mathrm{mod}\, 17)$

$14! \times 15 \equiv 18 \,(\mathrm{mod}\, 17)$

$14! \times 5 \equiv 6 \,(\mathrm{mod}\, 17)$

$14! \times 5 \equiv 40 \,(\mathrm{mod}\, 17)$

$14! \equiv 8 \,(\mathrm{mod}\, 17)$

나머지는 8

06

적분의 시작
아르키메데스

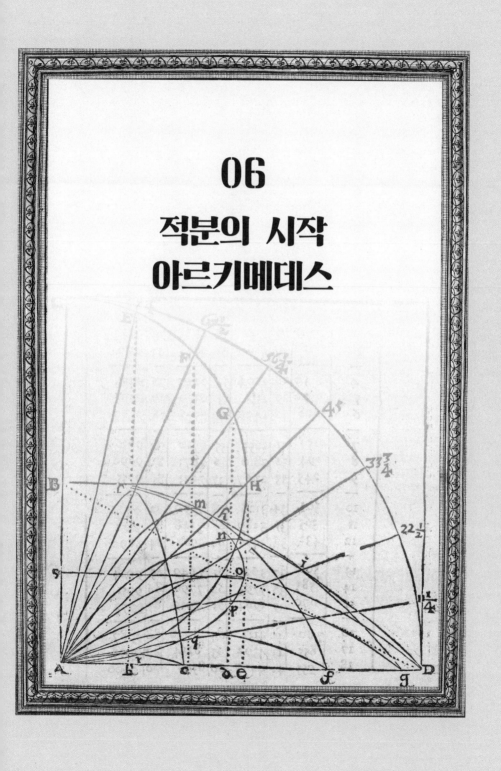

적분의 시작 아르키메데스

아르키메데스(Archimedes B.C.287~B.C.212)는 이탈리아 시칠리아섬에 있던 옛 그리스 도시 시러큐스(syracuse)에서 태어났다. 당시 학문의 중심지였던 이집트의 알렉산드리아의 왕립학교에서 공부하였으며 코논(Conon, BC 260년경)에게 기하학을 배웠다. 알렉산드리아에서 공부하던 중 나선의 원리를 응용해 나선식 펌프를 발명하기도 하였다. 그 후 고향인 시러큐스로 돌아와 많은 책을 저술하였으며, 자신의 조국인 시러큐스를 로마군으로부터 지키기 위해 고군분투하다가 시러큐스에서 생을 마감하였다.

어려서 천문학자인 아버지에게 천문관측을 배우고 자신이 터득한 이론을 실용화하고 응용하는데 천부적인 재능을 발휘한다.

아르키메데스 관련한 일화가 많이 있지만 가장 유명한 일화 중 하나는 부력의 법칙을 발견하게 된 이야기이다. 아르키메데스가 욕조에 들었을 때 물이 넘치는 것을 보고 깨달음에 기쁜 나머지 옷도 입지 않은 채 밖으로 뛰어나와 '알았다, 알아냈다(Eureka!, Eureka!)'라고 외쳤다는 얘기는 너무나도 유명한 이야기이다. 아르키메데스가 금 왕관에 은이 섞여 있는지를 알아냈다는 소문이 퍼져 아르키메데스의 명성은 더 높아졌다.

아르키메데스는 기하학에서 큰 업적을 남겼으며 그의 저서 중『원의 측정』에서

원의 넓이는 πr^2임을 나타내었고, 원에 내접·외접하는 정96각형의 둘레의 길이를 이용하여 원주율(π)의 값을 $3\frac{10}{71} < \pi < 3\frac{1}{7}$로 구하였으며, 이를 소수로 나타내면 $3.14084 < \pi < 3.142858$로 상당히 정확한 값임을 알 수 있다.

현재 많이 사용하고 있는 원주율의 근삿값 3.14을 아르키메데스의 수라고도 한다.

또, 아르키메데스의 저서 중 공간도형을 다룬『구와 원기둥에 관하여』에서

임의의 구의 겉넓이는 구의 대원의 넓이의 4배이다라고 밝혀 구의 겉넓이를 최초로 언급하였다.

구의 반지름을 r로 나타내면

구의 대원의 넓이는 πr^2이므로 구의 겉넓이는 $4\pi r^2$이 된다는 것을 밝혀낸 것이다.

또, 밑면의 지름과 높이가 같은 원기둥에 내접하는 원뿔, 구, 원기둥의 부피의 비는 이라고 하였는데

밑면의 반지름을 r이라고 할 때

원뿔의 부피 $= \dfrac{1}{3}\pi r^2 \times 2r = \dfrac{2}{3}\pi r^3$

구의 부피 $= \dfrac{4}{3}\pi r^3$

원기둥의 부피 $= \pi r^2 \times 2r = 2\pi r^3$

따라서 원뿔, 구, 원기둥의 부피의 비는 $\dfrac{2}{3}\pi r^3 : \dfrac{4}{3}\pi r^3 : 2\pi r^3 = 1 : 2 : 3$

임을 알 수 있다. 아르키메데스는 구와 원기둥의 관계를 밝혀낸 것에 대한 자부심이 상당히 커 자신이 죽으면 묘비에 원기둥과 그 원기둥에 내접하는 구를 새겨줄 것을 유언하였다고 한다.

초기 미적분학자들은 아르키메데스가 구의 부피를 어떻게 구했는지 구체적인 방법을 찾지 못하였다. 그러던 중 1906년 덴마크의 고전 문헌학자인 하이베르크(Heiberg, J. L)가 콘스탄티노플(현재 이스탄불)에서 그동안 책의 존재만 알려진 『방법론(The Method)』을 발견하였다. 발견된 것은 양피지 사본으로 양피지에 쓴 내용이 지워지고 그 위에 다른 내용이 덧씌워진 책으로 오랜 세월이 지나면서 지워졌던 내용이 일부 희미하게 나타나게 되어 이 책이 아르키메데스의 『방법론』으로 10세기 사본임을 알 수 있었다. 그러나 제1차 세계대전 중 분실되었다가 1991년 프랑스에서 경매로 나왔다. 지워졌던 내용에 대한 복원작업을 통하여 아르키메데스의 저서 중 최고의 걸작으로 평가받는 『방법론』이 세상의 빛을 보게 된 것이다.

『방법론』은 아르키메데스가 알렉산드리아에 있는 에라토스테네스에게 보낸 편지 형식의 글로 아르키메데스가 연구하고 정리(theorem)를 발견하는 과정을 설명하고 있다. 이 책의 발견은 아르키메데스에 대한 재평가가 이루어지고, 아르키메데스를 3대 수학자 반열에 올려놓았다.

『방법론』에 소개된 구의 부피를 구하는 과정은 현재 정적분의 원리와 비슷한 무한소, 구분구적 개념과 지레의 원리를 이용하여 독창적으로 구의 부피를 구하였다. 이것이 적분법의 시초를 아르키메데스로 보는 이유이기도 하다.

지중해의 패권을 둘러싼 카르타고와 로마의 세 차례 거친 전쟁에서 제2차 포에니전쟁[1](BC 218~BC 202)에서 시러큐스는 카르타고의 편을

---

1 포에니 전쟁은 지중해의 패권을 놓고 카르타고(현재 튀니지)와 로마와의 전쟁으로 2차 포에니 전쟁은 카르타고의 한니발 장군이 당시에 상상도 못한 알프스산

들어 로마군의 공격을 받게 되었다. 로마군은 시러큐스를 공격하였으나 번번이 아르키메데스가 지렛대와 도르래의 원리를 이용하여 제작한 신무기인 투석기와 기중기 공격에 고전하게 된다. 또, 거울로 태양의 빛을 모아 불을 붙이는 아르키메데스의 열선이라는 신무기를 제작하여 로마의 전함을 불태우기도 하였다.

전쟁 중 아르키메데스의 일화가 있는데 해변에 군함을 만들어 배를 바다에 띄워야 하는 상황이었는데 아르키메데스는 많은 사람 앞에서 배에 군사를 가득 태우고 도르래를 이용하여 간단하게 배를 바다 위로 옮긴 후 히에론 2세에게 "나에게 긴 지렛대와 지렛목만 주면 지구라도 들어 올려 보이겠다"고 한 말은 유레카와 더불어 아르키메데스의 명언으로 남아있다.

기원전 211년 마르켈루스(Marcellus)가 이끄는 로마군은 2년여의 공방전 끝에 시러큐스를 함락한다. 마르켈루스는 아르키메데스를 존경하여 그를 죽이지 말 것을 명령하였다. 그러나 땅 위에 원을 그려놓고 연구 중이었던 아르키메데스는 원을 밟은 로마 병사에게 "내 원들을 밟지 말라"고 소리치다가 이 위대한 수학자는 로마 병사에 의해 생을 마감하게 된다.

마르켈루스는 그의 죽음을 애도하며 그의 유언을 받들어 묘비에 직원기둥에 내접하는 구를 새겼다고 한다.

기원전 75년 마르쿠스 툴리우스 키케로[2]가 재무관으로 시칠리아에서 업무를 보고 있었을 때 아르키메데스의 무덤이 어디에 있는지 찾아

맥을 넘어 로마로 진군하면서 로마와의 전투에서 대승함. 카르타고의 한니발 장군이 승승장구함에 따라 로마와 동맹을 맺었던 나라들조차 카르타고의 편에 서게 되고, 시러큐스도 그러한 왕국의 하나였음. 로마는 한니발과는 전면전을 피하고 지구전을 펼치면서 카르타고 본토와 동맹국을 공격함. 3차 포에니 전쟁에서 스키피오가 이끄는 로마군에 의해 카르타고는 항복하고 로마는 지중해 패권을 차지하게 됨.

2 마르쿠스 툴리우스 키케로(Marcus Tullius Cicero, BC 106~BC 43) 로마의 정치인, 변호인, 작가.

보았으나 지역주민들조차 알지 못하였다. 키케로는 상당한 노력을 기울인 끝에 무성한 가시나무 덤불에 가려진 묘비에 도형이 새겨진 아르키메데스의 무덤을 찾아내어 지역주민들의 많은 지지를 받았다. 그 후 키케로는 아르키메데스의 무덤을 잘 보존하라고 지시하였다. 오랜 시간이 흐르면서 아르키메데스의 무덤은 다시 잊혔다가 1965년 시러큐스에서 호텔 건축 중 아르키메데스의 무덤으로 추정되는 무덤이 발견되어 세간의 관심을 모았다. 그러나 여러 정황상 실제 아르키메데스의 무덤일 가능성은 희박하다고 한다.

아르키메데스는 수학 외에도 역학, 광학에도 많은 연구를 하여 그 원리를 실생활에 적용하였으며 현재까지도 그가 연구한 원리를 어렵지 않게 찾아볼 수 있다.

아르키메데스가 이집트 알렉산드리아에서 공부하던 시절 만든 나선 양수기는 현재에도 나일강 유역 지방에서 사용되고 있고 헬리콥터의 기본원리이기도 하다.

부력의 원리는 잠수함, 놀이공원의 원형 보트에 사용되고 있고, 지레의 원리와 지레의 원리를 응용한 도르래는 현재 엘리베이터, 건축, 토목 등 여러 분야에서 활용되고 있다.

1) 포물선과 직선이 이루는 넓이

아르키메데스는 『포물선의 구적법』에서

한 포물선과 그 포물선을 자르는 현에 의해 생기는 도형의 면적은 밑면이 현이고 다른 한 꼭짓점은 포물선 위의 점으로 그곳에서의 접선이 현과 평행이 되도록 내접하는 삼각형 면적의 $\dfrac{4}{3}$가 된다는 것을 보였다.

아르키메데스는 이 문제를 실진법을 이용하여 풀었지만, 이 문제는 현재 무한급수의 합을 구하는 문제로 최초로 무한급수의 합을 구한 셈

이 되었다. 1812년 가우스가 만든 초기하급수(hypergeometric series)에서 무한급수의 수렴에 대한 개념을 최초로 생각하였으며, 무한급수의 수렴에 대한 문제는 19세기 수학자들의 주 관심사이기도 하였다.

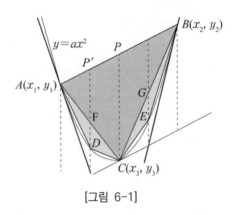

[그림 6-1]

[그림 6−1]과 같이 포물선 위의 점 $A(x_1, y_1)$, $B(x_2, y_2)$에서 선분 $\overline{AB}$가 포물선과 이루는 넓이를 구하여보자.$(0 < a,\, x_1 < x_2)$

$\overline{AB}$의 중점을 P라고 하면 점 P의 좌표는 $\left(\dfrac{x_1 + x_2}{2}, \dfrac{y_1 + y_2}{2}\right)$

또, 점 P에서 y축과 평행하게 그은 직선이 포물선과 만나는 점을 $C(x_3, y_3)$라고 할 때,

$\overline{PC}$의 길이는 $\dfrac{y_1 + y_2}{2} - y_3$

$$= \frac{ax_1^2 + ax_2^2}{2} - a\left(\frac{x_1 + x_2}{2}\right)^2 \left(\because y_3 = ax_3^2,\ x_3 = \frac{x_1 + x_2}{2}\right)$$

$$= \frac{a(x_2 - x_1)^2}{4}$$

그러므로 $\triangle ABC = \dfrac{1}{2}(x_2 - x_1)\dfrac{a(x_2 - x_1)^2}{4}$

$$= \dfrac{a}{8}(x_2 - x_1)^3$$

이번엔 $\overline{AP}$의 중점 P'에서 y축과 평행하게 그은 직선이 $\overline{AC}$와 만나는 점을 F, 포물선과 만나는 점을 D라고 할 때

점 F는 $\overline{AC}$의 중점이므로 $(\dfrac{x_1 + x_3}{2}, \dfrac{y_1 + y_3}{2})$

$$\overline{FD} = \dfrac{y_1 + y_3}{2} - a\left(\dfrac{x_1 + x_3}{2}\right)^2$$

$$= \dfrac{ax_1^2 + ax_3^2}{2} - \dfrac{a(x_1 + x_3)^2}{4}$$

$$= \dfrac{a}{4}(x_3 - x_1)^2$$

$$\triangle ACD = \dfrac{1}{2}(x_3 - x_1)\overline{FD}$$

$$= \dfrac{1}{2}(x_3 - x_1)\dfrac{a(x_3 - x_1)^2}{4}$$

$$= \dfrac{a}{8}(x_3 - x_1)^3$$

$$= \dfrac{a}{8}(\dfrac{x_1 + x_2}{2} - x_1)^3$$

$$= \dfrac{a}{64}(x_2 - x_1)^3$$

$\triangle ABC : \triangle ACD = \dfrac{a}{8}(x_2 - x_1)^3 : \dfrac{a}{64}(x_2 - x_1)^3 = 8 : 1$

$\triangle ACD = \triangle BCE$ 이므로

$\triangle ABC : \triangle ACD + \triangle BCE\ = 4 : 1$

이와 같은 방법을 반복하여 삼각형의 넓이를 구해 나갈 수 있다.

이는 실진법이 아닌 무한등비급수로 간단히 계산할 수 있는데

첫째항이 $\dfrac{a}{8}(x_2 - x_1)^3$, 공비가 $\dfrac{1}{4}$인 무한등비급수이므로

$$\frac{\dfrac{a}{8}(x_2 - x_1)^3}{1 - \dfrac{1}{4}} = \frac{a}{6}(x_2 - x_1)^3$$

직선 AB와 포물선이 이루는 넓이는 $\triangle ABC$ 넓이의 $\dfrac{4}{3}$임을 알 수 있다.

포물선과 직선이 이루는 넓이는 $\dfrac{|a|}{6}(x_2 - x_1)^3$ $(x_1 < x_2)$로 기억하여 문제 풀이에 활용하기도 한다. 이차함수뿐만 아니라 고차 다항함수가 x축 또는 직선과 이루는 넓이가 한 영역으로 나타내어질 때 일반화시킬 수 있다.

문제 1

곡선 $y = a(x-\alpha)^m(x-\beta)^n$ $(a \neq 0)$에서

$\displaystyle\int_{\alpha}^{\beta} a(x-\alpha)^m(x-\beta)^n dx = a(-1)^n \dfrac{m!\,n!}{(m+n+1)!}(\beta-\alpha)^{m+n+1}$임을 보여라. $(\alpha < \beta)$

풀이 $x - \alpha = t$로 치환하자.

$$\int_{0}^{\beta-\alpha} at^m(t+\alpha-\beta)^n dt = a\int_{0}^{\beta-\alpha} t^m \sum_{r=0}^{n} {}_nC_r t^r (\alpha-\beta)^{n-r} dt$$

$$= a\sum_{r=0}^{n} {}_nC_r (\alpha-\beta)^{n-r} \int_{0}^{\beta-\alpha} t^{m+r} dt$$

$$= a \sum_{r=0}^{n} {}_nC_r (-1)^{n-r} (\beta-\alpha)^{n-r} \frac{1}{m+r+1} (\beta-\alpha)^{m+r+1}$$

$$= a \sum_{r=0}^{n} {}_nC_r (-1)^{n-r} \frac{1}{m+r+1} (\beta-\alpha)^{m+n+1} \text{ 이다.}$$

$$a \sum_{r=0}^{n} {}_nC_r (-1)^{n-r} \frac{1}{m+r+1} (\beta-\alpha)^{m+n+1}$$

$$= a(-1)^n \frac{m!n!}{(m+n+1)!} (\beta-\alpha)^{m+n+1} \text{임을 보이기 위하여}$$

$$\sum_{r=0}^{n} {}_nC_r (-1)^r \frac{1}{m+r+1} = \frac{m!n!}{(m+n+1)!} \text{ 임을 보이면 된다.}$$

$m,n \in N$, m은 상수로 생각하고 임의의 자연수 n에 대하여 성립함을 수학적 귀납법으로 보이자.

$n=0$일 때 $\dfrac{1}{m+1} = \dfrac{m!0!}{(m+1)!}$ 이므로 성립한다.

$n=k$일 때 성립한다고 가정하면

$$\sum_{r=0}^{k} {}_kC_r (-1)^r \frac{1}{m+r+1} = \frac{m!k!}{(m+k+1)!} \text{이다.}$$

$n=k+1$일 때

$$\sum_{r=0}^{k+1} {}_{k+1}C_r (-1)^r \frac{1}{m+r+1}$$

$$= \frac{1}{m+1} + \sum_{r=1}^{k} [{}_kC_r + {}_kC_{r-1}](-1)^r \frac{1}{m+r+1} + (-1)^{k+1} \frac{1}{m+k+2}$$

$$(\because {}_nC_r = {}_{n-1}C_r + {}_{n-1}C_{r-1})$$

$$= \frac{1}{m+1} + \sum_{r=1}^{k} {}_kC_r (-1)^r \frac{1}{m+r+1} + \sum_{r=1}^{k} {}_kC_{r-1} (-1)^r \frac{1}{m+r+1}$$

$$\qquad + (-1)^{k+1} \frac{1}{m+k+2}$$

$$= \sum_{r=0}^{k} {}_kC_r (-1)^r \frac{1}{m+r+1} - \sum_{r=1}^{k} {}_kC_{r-1} (-1)^{r-1} \frac{1}{m+r-1+2}$$

$$\qquad - (-1)^k \frac{1}{m+k+2}$$

$$= \sum_{r=0}^{k} {}_kC_r (-1)^r \frac{1}{m+r+1} - \sum_{r'=0}^{k} {}_kC_{r'} (-1)^{r'} \frac{1}{m+r'+2} \quad (r-1=r')$$

$$= \frac{m!k!}{(m+k+1)!} - \frac{(m+1)!k!}{(m+k+2)!}$$

$$= \frac{m!k!(m+k+2-m-1)}{(m+k+2)!} = \frac{m!(k+1)!}{(m+k+2)!}$$

$n=k+1$일 때도 성립하므로 모든 자연수 n에 대하여 주어진 식이 성립한다.

2) 아르키메데스의 정다면체

정다면체는 각 면이 모두 합동인 정다각형으로 이루어져 있고, 각 꼭짓점에 모이는 면의 개수가 같은 다면체를 말한다. 정다면체는 정사면체, 정육면체, 정팔면체, 정십이면체, 정이십면체 다섯 가지가 있는데 고대 그리스 시대 피타고라스 학파가 발견한 것으로 알려져 있다. 고대 그리스의 철학자 플라톤은 다섯 개의 정다면체에 특별한 의미를 부여하여 세상을 구성하는 다섯 요소와 연결하였고, 그러한 이유로 정다면체를 플라톤의 입체라고도 한다.

아르키메데스는 이러한 정다면체를 변형시켜 각 면이 두세 가지의 정다각형이지만 모든 꼭짓점에 모인 면의 개수는 같고 어느 방향에서 보아도 모양이 같은 대칭 조건을 만족하는 도형을 생각하였으며 이를 아르키메데스의 다면체, 즉 준정다면체라고 한다. 아르키메데스가 13가지 모양을 발견하였다고 알려져 있었으나 그 모양은 알 수 없었는데 케플러가 13가지 모양을 모두 찾아냈다. 육팔면체, 십이이십면체, 깎은 정사면체, 깎은 정육면체, 깎은 정팔면체, 깎은 정십이면체, 깎은 정이십면체, 마름모육팔면체, 마름모십이이십면체, 다듬은 육팔면체, 다듬은 십이이십면체, 깎은 육팔면체, 깎은 십이이십면체이다.

우리 주변에서 쉽게 볼 수 있는 깎은 정이십면체가 축구공 모양인데 깎은 정이십면체에 대해 알아보자.

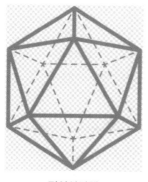
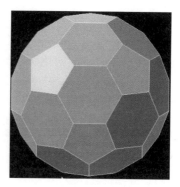

정이십면체   깎은 정이십면체

　정이십면체는 20개의 정삼각형과 12개의 꼭짓점으로 이루어져 있으며 각 꼭짓점에는 정삼각형이 5개씩 모여 있다. 축구공을 만들기 위하여 우선 정이십면체의 각 모서리를 3등분 하고, 각 꼭짓점을 중심으로 잘라낸다.

　한 꼭짓점에 5개씩의 정삼각형이 모여 있으므로 잘라낸 면은 정오각형이 되며, 이러한 정오각형은 꼭짓점의 개수만큼인 12개가 생긴다. 또 원래 있던 20개의 정삼각형은 세 꼭짓점에서 각각 잘리게 되므로 정육각형이 된다.

　이렇게 해서 만들어진 것이 12개의 정오각형과 20개의 정육각형으로 이루어진 깎은 정이십면체로, 이것이 축구공 모양이다. 현재와 같이 32개의 면을 갖는 축구공의 원조는 1970년 멕시코 월드컵에 등장한 텔스타(telstar)이다.

　축구공을 만드는 과정이 단순해 보이지만 첨단과학을 이용하여 반발력, 회전력, 탄력을 증가시키고 있다.

　축구공 모양의 육각형과 오각형이 연결된 구조는 자연계에도 존재하는데 바이러스를 전자현미경으로 확대해보면 많은 육각형과 오각형으로 연결되어 있다.

　육각형과 오각형으로 연결된 구조는 건축에서도 응용되는데 1940년

[지오데식 돔]

대 미국의 건축가 리처드 벅민스터 풀러 (Richard Buckminster Fuller, 1895~1983)는 지오데식 돔(geodesic dome)이란 구조물을 고안했다. 내부에 기둥이 없는 구 모양의 건축물로 실내 체육관이나 전시회장으로 많이 사용된다.

지오데식 돔의 건축 형태는 전통 건축물보다 훨씬 적은 재료를 사용해서 더 큰 공간을 얻을 수 있을 뿐 아니라, 기둥이 없으면서도 매우 튼튼한 특성을 갖고 있어 지진이나 다른 자연재해에도 안전하다. 최근엔 유럽에서 주택모형으로도 인기를 끌고 있다.

1985년 탄소 원자 60개로 새로운 형태의 구조를 가진 물질을 발견하였는데 지오데식 돔과 비슷한 모양을 갖고 있어 지오데식 돔을 고안한 건축가 리처드 벅민스터 풀러에서 이름을 따서 C60의 이름을 풀러렌으로 명명하였다. 풀러렌(Fullerene, C60)은 축구공과 같은 깎은 정이십면체로 60개 꼭짓점에 탄소 원자가 하나씩 위치한다. 풀러렌은 대단히 높은 온도와 압력을 견뎌낼 수 있는 안정된 구조를 갖고 방사능에 대한 저항력이 커서 나노 기술 등 여러 방면에서 이용 가치가 큰 신물질로 주목받고 있다. 이를 발견한 크로토 등은 그 공로로 1996년 노벨화학상을 수상했다. 풀러렌은 현재 에이즈 치료약 개발에 사용되고, 군사, 자동차, 반도체, 의학 분야 등 다양한 분야에 사용되고 있다.

3) 카발리에리의 원리

17세기 뉴턴과 라이프니츠에 의해 미적분학이 확립되기 이전 넓이, 부피를 구하는 개념으로 16세기 카발리에리가 발표한 불가 분량의 방법을 이용한 카발리에리의 원리를 빼놓을 수 없다.

이탈리아의 수학자 카발리에리(Bonaventura Francesco Cavalieri, 1598~1647)는 갈릴레이 갈릴레오의 제자로 볼로냐대학에서 20여 년간 수학 교수를 지냈다. 기하학, 광학, 천문학, 점성술에 관한 많은 책을 저술하였으며 1635년 『불가 분량의 기하학(Geometria indivisibilibus)』을 출판하였다. 그는 여기서 미적분학의 전 단계인 불가 분량의 방법을 다루고 있는데 주어진 평면도형의 불가 분량(더 이상 쪼갤 수 없는 양)은 그 도형의 현이고, 그 평면도형은 평행한 무한히 많은 선분의 집합으로 이루어진 것으로 생각하였다. 마찬가지로 주어진 공간도형의 불가 분량은 그 도형의 단면이고, 그 공간도형은 평행한 무한히 많은 단면의 집합으로 이루어진 것으로 생각하였다. 그 평행한 불가 분량들 각각을 연속적인 경계를 유지하도록 하면서 밀어 움직여 원래의 도형과 새로 생긴 도형이 같은 불가 분량으로 이루어지면 새로 생긴 도형과 원래의 도형의 넓이 또는 부피는 서로 같다고 할 수 있다.

이를 카발리에리의 원리라 한다.

이 원리는 넓이를 잘게 쪼개어 넓이의 합을 이용하는 구분구적법의 기본개념이 되기도 한다. 중국에서는 조충지와 그의 아들 조긍지가 카발리에리보다 1100여 년 전 이 원리를 먼저 발견하였다는 기록이 있으며 이를 조긍지의 원리라고 부르기도 한다.

가) 두 개의 평면도형을 정해진 직선에 평행한 직선으로 자를 때, 생기는 동형의 선분 길이의 비가 항상 $m : n$이면 도형의 넓이의 비는 $m : n$이 된다.

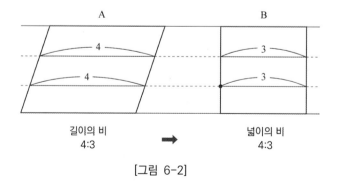

[그림 6-2]

[그림 6－2]에서 임의의 같은 높이에서 두 도형의 선분 길이의 비가 4:3으로 일정하면 두 사각형의 넓이의 비도 4:3이 된다.

카발리에리의 원리를 이용하여 타원의 넓이를 구하여보자.

타원 $\dfrac{x^2}{a^2}+\dfrac{y^2}{b^2}=1$ $(a,b \neq 0)$과 반지름이 b인 원 $x^2+y^2=b^2$ 에서

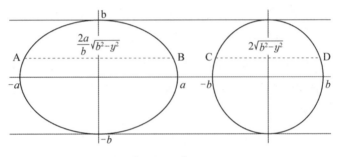

[그림 6-3]

타원 $\dfrac{x^2}{a^2}+\dfrac{y^2}{b^2}=1$에서

$x=\pm\dfrac{a}{b}\sqrt{b^2-y^2}$, $\overline{AB}=\dfrac{2a}{b}\sqrt{b^2-y^2}$

또, 원 $x^2+y^2=b^2$에서

$x=\pm\sqrt{b^2-y^2}$, $\overline{CD}=2\sqrt{b^2-y^2}$

타원의 현 $\overline{AB}$와 원의 현 $\overline{CD}$ 길이의 비는 항상 $\dfrac{a}{b}$:1로 일정 하므로 넓이의 비도 $\dfrac{a}{b}$:1

타원의 넓이를 S라고 하면 $\dfrac{a}{b}:1=S:\pi b^2$, $S=\pi ab$

이번엔 정적분을 이용하여 타원의 넓이를 구하면

$\dfrac{x^2}{a^2} + \dfrac{y^2}{b^2} = 1$ 에서

$y = \pm\dfrac{b}{a}\sqrt{a^2 - x^2}$ x축 윗부분을 $y = \dfrac{b}{a}\sqrt{a^2 - x^2}$ 을 정적분하면

$$\int_{-a}^{a} \dfrac{b}{a}\sqrt{a^2 - x^2}\,dx$$

let $x = a\sin\theta$, $dx = a\cos\theta\,d\theta$

$$\dfrac{S}{2} = \dfrac{b}{a}\int_{-\frac{\pi}{2}}^{\frac{\pi}{2}} \sqrt{a^2 - a^2\sin^2\theta}\,(a\cos\theta\,d\theta)$$

$$= ab\int_{-\frac{\pi}{2}}^{\frac{\pi}{2}} \sqrt{1 - \sin^2\theta}\,\cos\theta\,d\theta = ab\int_{-\frac{\pi}{2}}^{\frac{\pi}{2}} \cos^2\theta\,d\theta$$

$$= ab\int_{-\frac{\pi}{2}}^{\frac{\pi}{2}} \dfrac{1 + \cos 2\theta}{2}\,d\theta = \dfrac{ab}{2}\left[\theta + \dfrac{1}{2}\sin 2\theta\right]_{-\frac{\pi}{2}}^{\frac{\pi}{2}} = \dfrac{\pi}{2}ab$$

따라서, 타원의 넓이는 πab

나) 두 입체도형을 정해진 평면과 평행인 평면으로 자를 때 두 입
 체도형의 잘린 단면의 면적의 비가 항상 $m:n$이면 도형의 부
 피의 비는 $m:n$이 된다.

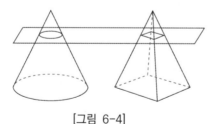

[그림 6-4]

입체도형에서 [그림 6-4]와 같이 밑면과 평행한 평면으로 자
른 단면의 넓이의 비가 항상 $m:n$이면 도형의 부피의 비는
$m:n$이 된다.

4) 정적분의 기본개념 및 근삿값

함수 f가 구간 $[a, b]$에서 연속일 때, $y = f(x)$의 그래프가 닫힌 구간 $[a, b]$에서 x축과 이루는 넓이를 구하여보자.

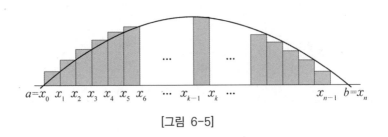

[그림 6-5]

[그림 6−5]에서 함수 f가 구간 $[a, b]$에서 연속일 때,

구간 $[a, b]$를 n등분한 분할을 $p = \{a = x_0, x_1, x_2, \cdots x_n = b\}$라 하고,

$$\triangle x = \frac{b-a}{n}, \ y_k = f(x_k), k = 1, 2, \cdots, n$$이라고 하자.

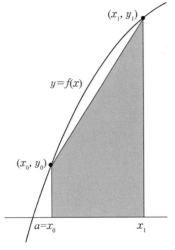

[그림 6-6]

이때 구간 $[a, b]$에서 x축과 이루는 넓이는 $\lim_{n \to \infty} \sum_{k=1}^{n} f(x_k) \triangle x = \int_a^b f(x)dx$로 나타내어진다.

그러면 왼쪽 [그림 6−6]과 같이 직사각형보다 오차가 적은 사다리꼴 모양으로 사각형을 만들어 넓이의 합을 구하면 어떻게 될까?

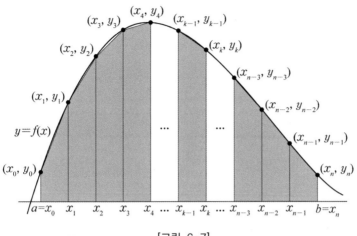

[그림 6-7]

[그림 6-7]과 같이 함수 f가 구간 $[a, b]$에서 연속일 때, 구간 $[a, b]$를 n등분한 분할을 $p = \{a = x_0, x_1, x_2, \cdots x_n = b\}$라 하고, $h = \dfrac{b-a}{n}$, $y_i = f(x_i)$, $i = 0, 1, 2, \cdots, n$이라고 하자.

이때 정적분 $\displaystyle\int_a^b f(x)dx$의 근삿값은 다음과 같이 나타낼 수 있다.

$$\int_a^b f(x)\,dx \approx \frac{h}{2}(y_0 + y_1) + \frac{h}{2}(y_1 + y_2) + \cdots + \frac{h}{2}(y_{n-1} + y_n)$$
$$= h\left\{\frac{1}{2}y_0 + (y_1 + y_2 + \cdots + y_{n-1}) + \frac{1}{2}y_n\right\}$$

문제 2

이차함수 $y = x(1-x)$가 $x = 0$, $x = 1$로 둘러싸인 부분의 영역의 넓이를 사다리꼴 공식을 이용하여 구하여라.

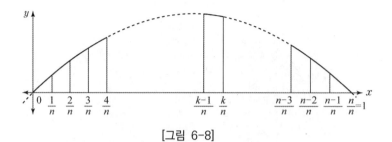

[그림 6-8]

풀이 사다리꼴의 넓이의 합은

$$\frac{1}{2}\times\frac{1}{n}\left\{f(0)+f(\frac{1}{n})\right\}+\frac{1}{2}\times\frac{1}{n}\left\{f(\frac{1}{n})+f(\frac{2}{n})\right\}+\frac{1}{2}\times\frac{1}{n}\left\{f(\frac{2}{n})+f(\frac{3}{n})\right\}$$

$$+\frac{1}{2}\times\frac{1}{n}\left\{f(\frac{3}{n})+f(\frac{4}{n})\right\}+\cdots+\frac{1}{2}\times\frac{1}{n}\left\{f(\frac{n-1}{n})+f(\frac{n}{n})\right\}$$

$$=\frac{1}{2n}\left\{f(0)+2f(\frac{1}{n})+2f(\frac{2}{n})+2f(\frac{3}{n})+\cdots+2f(\frac{n-1}{n})+f(\frac{n}{n})\right\}$$

$n\rightarrow\infty$일 때

$$\lim_{n\rightarrow\infty}\frac{1}{2n}\left\{f(0)+2f(\frac{1}{n})+2f(\frac{2}{n})+2f(\frac{3}{n})+\cdots+2f(\frac{n-1}{n})+f(\frac{n}{n})\right\}$$

$f(0)=f(1)=0$이므로

$$\lim_{n\rightarrow\infty}\frac{1}{2n}\left\{2f(\frac{1}{n})+2f(\frac{2}{n})+2f(\frac{3}{n})+\cdots+2f(\frac{n-1}{n})\right\}$$

$$=\lim_{n\rightarrow\infty}\frac{1}{n}\sum_{k=1}^{n-1}f(\frac{k}{n})$$

$$=\lim_{n\rightarrow\infty}\frac{1}{n}\sum_{k=1}^{n-1}\frac{k}{n}(1-\frac{k}{n})$$

$$=\lim_{n\rightarrow\infty}\frac{1}{n^3}\sum_{k=1}^{n-1}(nk-k^2)$$

$$=\lim_{n\rightarrow\infty}\frac{1}{n^3}\left(n\frac{n(n-1)}{2}-\frac{n(n-1)(2n-1)}{6}\right)$$

$$= \lim_{n \to \infty} \frac{n^3 - n^2}{2n^3} - \lim_{n \to \infty} \frac{2n^3 - 3n^2 + n}{6n^3}$$

$$= \frac{1}{2} - \frac{1}{3} = \frac{1}{6}$$

이 결과는 아래와 같이 정적분으로 계산한 결과와 같은 값임을 확인할 수 있다.

$$\int_0^1 x(1-x)dx$$

$$= \left[\frac{1}{2}x^2 - \frac{1}{3}x^3 \right]_0^1$$

$$= \frac{1}{6}$$

사다리꼴을 이용하여 넓이를 구하는 방법은 일반적으로 많이 사용하지는 않지만 수치해석[3](numerical method)에서 사다리꼴 공식 (Trapezoidal rule)으로 사용되고 있다.

이번엔 곡선 $y = f(x)$가 x축과 이루는 넓이를 [그림 6-9]와 같이 이차함수의 포물선으로 넓이를 구하는 경우를 생각해보자.

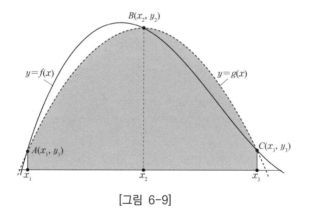

[그림 6-9]

---

3 해석학 문제에서 수치적인 근삿값을 구하는 알고리즘을 연구하는 학문

$x_1 < x_2 < x_3,\ x_3 - x_2 = x_2 - x_1 = h$ 라고 하자. 이때 세 점 (x_1, y_1), (x_2, y_2), (x_3, y_3) 을 지나는 이차함수를 $y = g(x)$ 라고 하면 $\displaystyle\int_{x_1}^{x_3} f(x)\,dx \approx$

$\displaystyle\int_{x_1}^{x_3} g(x)dx = \frac{h}{3}(y_1 + 4y_2 + y_3)$ 이 성립한다.

이 증명은 선형대수학에서 다뤄지는 내용으로 여기서는 생략하기로 하자.

이를 더 확대하여 함수 f 가 구간 $[a, b]$ 에서 연속일 때,

구간 $[a, b]$ 를 $2n$ 등분한 분할을 $p = \{a = x_0, x_1, x_2, \cdots x_{2n} = b\}$ 라하고,

$h = \dfrac{b - a}{2n},\ y_i = f(x_i),\ i = 0, 1, 2, \cdots, 2n$ 이라고 하자.

포물선은 세 점이 주어질 때 포물선이 유일하게 결정되므로 짝수개인 $2n$ 으로 등분하여야 한다.

[그림 6-10]에서 정적분 $\displaystyle\int_a^b f(x)dx$ 의 근삿값은

$$\int_a^b f(x)\,dx \approx \frac{h}{3}(y_0 + 4y_1 + y_2) + \frac{h}{3}(y_2 + 4y_3 + y_4) + \cdots$$

$$+ \frac{h}{3}(y_{2n-2} + 4y_{2n-1} + y_{2n})$$

$$= \frac{h}{3}\left(y_0 + 4\sum_{i=1}^{n} y_{2i-1} + 2\sum_{i=1}^{n-1} y_{2i} + y_{2n}\right)$$

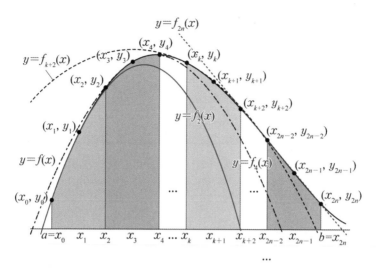

$y=f_{2n}(x)$

(x_4, y_4)

$y=f_{k+2}(x)$ (x_3, y_3)

(x_2, y_2) (x_k, y_k)

(x_{k+1}, y_{k+1})

(x_1, y_1)

(x_{k+2}, y_{k+2})

$y=f_2(x)$

$y=f(x)$

(x_{2n-2}, y_{2n-2})

$y=f_4(x)$ (x_{2n-1}, y_{2n-1})

(x_0, y_0)

(x_{2n}, y_{2n})

$a=x_0$ x_1 x_2 x_3 x_4 ... x_k x_{k+1} x_{k+2} x_{2n-2} x_{2n-1} $b=x_{2n}$

[그림 6-10]

이를 심프슨 공식(Simpson's formula)이라고 부르며 사다리꼴 공식
과 마찬가지로 적분식의 근삿값을 구하는 데 쓰이는 대표적인 공식
이다.

문제 3

$y=x^3$, $x=0$, $x=1$로 둘러싸인 부분의 영역을 심프슨 공식을 이용하여
x의 구간 $[0,1]$을 10등분으로 나누었을 때 값을 구하여라.

풀이 $h=0.1$, $y_0=0$, $y_{2n}=1$이고 10등분으로 나누었으므로 $n=5$이다.

$$\int_a^b f(x)\,dx \approx \frac{h}{3}\left\{y_0 + 4\sum_{i=1}^{n} y_{2i-1} + 2\sum_{i=1}^{n-1} y_{2i} + y_{2n}\right\}$$ 를 이용하면

$$\int_0^1 f(x)\,dx \approx \frac{1}{30}\left\{0 + 4\sum_{i=1}^{5} y_{2i-1} + 2\sum_{i=1}^{4} y_{2i} + 1\right\}$$

$$= \frac{1}{30} \{ 4(y_1 + y_3 + y_5 + y_7 + y_9) + 2(y_2 + y_4 + y_6 + y_8) + 1 \}$$

$$= \frac{1}{30} \big[4\{ (0.1)^3 + (0.3)^3 + (0.5)^3 + (0.7)^3 + (0.9)^3 \} + 2\{ (0.2)^3 + (0.4)^3$$

$$+ (0.6)^3 + (0.8)^3 \} + 1 \big]$$

$$= 0.25$$

$\int_0^1 x^3 dx = 0.25$이므로 $n \to \infty$의 극한값이 아닌 $n = 5$일 때 오차 없이 값이 일치함을 알 수 있다.

5) 원기둥 껍질법(Cylindrical Shell Method)

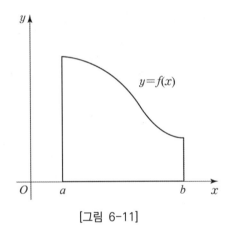

[그림 6-11]

[그림 6-11]과 같이 $y = f(x)$, $y = 0$, $x = a$, $x = b(0 \leq a < b)$로 둘러싸인 영역을 y축에 대해 회전시킨 회전체의 부피를 생각해 보자.

부피 $V_y = \int_{f(b)}^{f(a)} \pi x^2 dy + \pi b^2 f(b) - \pi a^2 f(a)$로 계산할 수 있으나 이를 좀 더 쉽게 계산할 수 있는 방법이 원기둥 껍질법이다.

아래 그림[6-12]에서 원기둥 껍질은 중심축이 같은 두 개의 원기둥 사이의 입체를 원기둥 껍질이라고 한다.

두 개의 원기둥 사이의 입체의 부피를 V 라고 하면

$$V = \pi r_2^2 h - \pi r_1^2 h$$
$$= \pi (r_2 + r_1)(r_2 - r_1)h$$
$$= 2\pi \frac{r_2 + r_1}{2} h (r_2 - r_1)$$
$$= 2\pi \bar{r} h \triangle r \quad (\frac{r_2 + r_1}{2} = \bar{r} , r_2 - r_1 = \triangle r)$$

[그림 6-13]에서 원기둥의 한 면을 자른 후 펼친 직육면체 모양의 부피는 $V = 2\pi r h \triangle r (\bar{r} = r)$임을 알 수 있다.

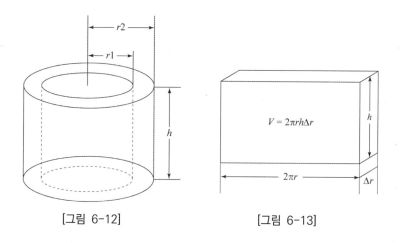

[그림 6-12]   [그림 6-13]

이제, 그림 [6-14] 구간 $[a, b]$에서 $y = f(x)$, x축으로 둘러싸인 영역을 y축 둘레로 회전시킨 입체의 부피를 구하면

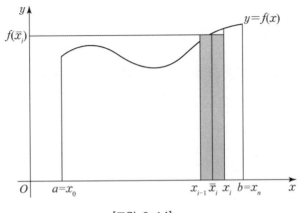

[그림 6-14]

구간 $[a, b]$를 n등분하여 얻은 한 분점을 x_i라고 하자

x축에 수직인 직선으로 자른 후 색칠한 영역을 y축에 대하여 회전하면 조각은 원기둥 껍질이 되고 회전한 원기둥 껍질의 부피 V_i는

$$V_i = \pi x_i^2 f(\overline{x_i}) - \pi x_{i-1}^2 f(\overline{x_i}) = 2\pi \overline{x_i} f(\overline{x_i}) \triangle x \quad (\frac{x_i + x_{i-1}}{2} = \overline{x_i},$$

$x_i - x_{i-1} = \triangle x$)이므로

구간 $[a, b]$에서 n개의 원기둥 껍질을 모두 합치면 전체 회전체의 부피가 된다.

따라서

$$V = \lim_{n \to \infty} V_n = \lim_{n \to \infty} 2\pi \sum_{i=0}^{n} \overline{x_i} f(\overline{x_i}) \triangle x$$

$$= 2\pi \int_a^b x f(x) dx$$

문제 4

$y = x^4$의 그래프와 x축, $x = 2$로 둘러싸인 부분을 y축으로 회전시킨 부피를 구하여라.

풀이

ⅰ) 원기둥 껍질법을 이용하면

$$V = 2\pi \int_0^2 x\, x^4 dx = \frac{64}{3}\pi$$

ⅱ) 정적분을 이용하면

원기둥부피－포물선이 이루는 부피

$$V = \pi\, 2^2 \times 16 - \int_0^{16} \pi x^2 dy = 64\pi - \pi \int_0^{16} y^{\frac{1}{2}}\, dy = \frac{64}{3}\pi$$

문제 5

$y = \sin x\,(0 \le x \le \pi)$ 그래프와 x축으로 둘러싸인 부분을 y축으로 회전시킨 회전체의 부피를 구하여라.

풀이

ⅰ) 원기둥 껍질법 이용

$$V = 2\pi \int_0^\pi x \sin x\, dx$$

부분적분$(u = x, v' = \sin x)$을 이용하면

$$= 2\pi [-x \cos x]_0^\pi - 2\pi \int_0^\pi (-\cos x) dx$$

$$= 2\pi^2$$

ii) 정적분 이용

$$V = \pi \int_0^1 x^2\, dy\, (\frac{\pi}{2} \le x \le \pi) - \pi \int_0^1 x^2\, dy\, (0 \le x \le \frac{\pi}{2})$$

$$= \pi \int_\pi^{\frac{\pi}{2}} x^2 \cos x\, dx - \pi \int_0^{\frac{\pi}{2}} x^2 \cos x\, dx$$

위의 식에서

$$\int_\pi^{\frac{\pi}{2}} x^2 \cos x\, dx = \left[x^2 \sin x \right]_\pi^{\frac{\pi}{2}} - \int_\pi^{\frac{\pi}{2}} 2x \sin x\, dx$$

$$= \frac{\pi^2}{4} - 2 \int_\pi^{\frac{\pi}{2}} x \sin x\, dx$$

$$= \frac{\pi^2}{4} - 2 \left\{ \left[x(-\cos x) \right]_\pi^{\frac{\pi}{2}} + \int_\pi^{\frac{\pi}{2}} \cos x\, dx \right\}$$

$$= \frac{\pi^2}{4} - 2 \left(-\pi + \left[\sin x \right]_\pi^{\frac{\pi}{2}} \right)$$

$$= \frac{\pi^2}{4} + 2\pi - 2$$

또, $\displaystyle \int_0^{\frac{\pi}{2}} x^2 \cos x\, dx = \left[x^2 \sin x \right]_0^{\frac{\pi}{2}} - \int_0^{\frac{\pi}{2}} 2x \sin x\, dx$

$$= \frac{\pi^2}{4} - 2 \int_0^{\frac{\pi}{2}} x \sin x\, dx$$

$$= \frac{\pi^2}{4} - 2 \left\{ \left[x(-\cos x) \right]_0^{\frac{\pi}{2}} + \int_0^{\frac{\pi}{2}} \cos x\, dx \right\}$$

$$= \frac{\pi^2}{4} - 2 \left(\left[\sin x \right]_0^{\frac{\pi}{2}} \right)$$

$$= \frac{\pi^2}{4} - 2$$

따라서, $\displaystyle \pi \int_\pi^{\frac{\pi}{2}} x^2 \cos\, dx - \pi \int_0^{\frac{\pi}{2}} x^2 \cos x\, dx$

$$= \pi \left\{ \frac{\pi^2}{4} + 2\pi - 2 - \left(\frac{\pi^2}{4} - 2 \right) \right\}$$

$$= 2\pi^2$$

7) 파푸스-굴딘 정리 (Pappus and Guldin Theorem)

 평면 위에 있는 넓이가 A인 영역 R가 있다. 영역 R의 무게중심에서 d만큼 떨어진 직선을 축으로 회전시킨 입체의 부피 V는

 $V = 2\pi dA$ (단, 영역 R은 축(직선)과 만나지 않는다)

 여기서 $2\pi d$는 무게중심이 축을 기준으로 한 바퀴 돈 둘레를 의미하는 것으로 부피 V는 밑면적을 A로 하고 높이가 $2\pi d$인 기둥의 부피와 같게 된다는 것이 파푸스-굴딘 정리이다

 여기서는 파푸스-굴딘 정리에서 무게중심을 쉽게 찾을 수 있는 도형의 문제 몇 개만 다루어 보도록 하자.

문제 6

$0 < a < b$일 때, 중심이 $(b, 0, 0)$이고 반지름이 a인 xz평면상의 원을 z축을 중심으로 회전시킨 토러스의 부피를 구하여라.

풀이

i) 파푸스-굴딘 정리 이용

 원의 넓이 πa^2,

 원의 무게중심은 원의 중심이므로 $(b, 0, 0)$에서 z축까지의 거리는 b이므로 무게중심이 z축을 기준으로 회전한 거리는 $2\pi b$

 따라서,
 토러스의 부피는
 $\pi a^2 \times 2\pi b = 2\pi^2 a^2 b$

ii) 정적분 이용

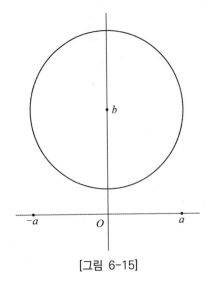

[그림 6-15]

xy직교좌표에서 $(0, b)$를 중심으로 갖는 원을 x 축으로 회전시킨 토러스의 부피와 같으므로 원의 방정식을 $x^2 + (y-b)^2 = a^2$으로 놓자.

$y = b \pm \sqrt{a^2 - x^2}$ 에서

위쪽 반원의 방정식을 $y_1 = b + \sqrt{a^2 - x^2}$

아래쪽 반원의 방정식을 $y_2 = b - \sqrt{a^2 - x^2}$ 라고 하면

부피 $V = \displaystyle\int_{-a}^{a} \pi y_1^2 dx - \int_{-a}^{a} \pi y_2^2 dx$

$= \displaystyle\int_{-a}^{a} \pi (y_1^2 - y_2^2) dx$

$= \displaystyle\int_{-a}^{a} 4\pi b \sqrt{a^2 - x^2} \, dx$

$= 8\pi b \displaystyle\int_{0}^{a} \sqrt{a^2 - x^2} \, dx$

$\displaystyle\int_{0}^{a} \sqrt{a^2 - x^2} \, dx$은 반지름이 a인 사분원의 넓이이므로

$$= 8\pi b \frac{1}{4}\pi a^2 = 2\pi^2 a^2 b$$

문제 7

세 점 $A(2,3), B(5,7), C(8,2)$에 의해 만들어진 삼각형 ABC를 y축으로 회전시킨 회전체의 부피를 구하여라.

풀이 파푸스-굴딘 정리를 이용하면

$\triangle ABC$의 무게중심은 $(5,4)$, 무게중심에서 y축을 중심으로 회전한 거리는 10π

$\triangle ABC$의 넓이는 사선 공식을 이용하면

$$\triangle ABC = \frac{1}{2}\begin{vmatrix} 2 & 5 & 8 & 2 \\ 3 & 7 & 2 & 3 \end{vmatrix}$$

$$= \frac{1}{2}\,|\,15+56+4-(14+10+24)\,| = \frac{27}{2}$$

따라서, 회전체의 부피 V는

$$V = \frac{27}{2} \times 10\pi = 135\pi$$

07
타오의 정리

타오의 정리

타오(Terence Tao, 1975~)는 중국계 호주 수학자이다. 타오의 아버지와 어머니는 홍콩대학에서 만나 결혼하였으며 아버지는 소아과 의사이고 어머니는 중학교 수학 교사였다. 결혼 후 호주로 이민 가서 타오를 낳았다. 타오는 2살에 5살 수준의 산술과 영어를 하여 자기 형들에게 설명할 정도였는데 TV 프로그램을 보고 이해하였다고. 타오가 3년 5개월 차에 초등학교에 입학하려고 하였으나 여러 가지 현실적인 문제로 인해 입학하지는 못하고 호주 교육연구원에서 5살 때부터 미적분학과 군론을 학습하여 7살에 애들레이드고등학교에 입학하였다. 8살에는 미국 대학수학능력시험인 SAT에서 수학 800점 만점에 760점을 얻었다. 10살이 되던 1986년에 호주 대표로 국제수학올림피아드(International Mathematical Olympiad, IMO)에 출전하여 동메달을 수상하였으며, 그다음 해인 1987년에는 은메달을, 12살인 1988년엔 금메달을 수상하였다. IMO 역사상 최연소 금메달 수상자로 현재까지 그 기록은 깨지지 않고 있다. 20세에는 미국 프린스턴대학교에서 박사학위를 받고, 1996년 24세에 미국 로스앤젤레스 캘리포니아대학교(UCLA) 수학 교수가 되었다. 현재 타오는 NASA의 연구원으로 있는 한국계 미국인과 결혼하여 아들과 딸을 두고 있다.

2004년 타오는 벤 그린(Ben Joseph Green, 1977~)과 함께 임의의 길이를 갖는 소수의 등차수열은 항상 존재한다는 그린-타오정리를 발표해 2006년 최고의 수학상인 필즈상을 수상하였다. 이 연구는 정수론에 큰 영향을 주었다. 2012년에는 5보다 큰 모든 홀수는 세 소수의 합으로 나타낼 수 있다는 골드바흐의 약한 추측을 일부 증명하였다. 1999년 호프만 폴이 쓴 책『우리 수학자 모두는 약간 미친 겁니다(The Man Who Loved Only Numbers)』를 통하여 헝가리의 방랑 수학자 에르되시 팔(Erdős Pál, 1913~1996)의 생애와 에르되시 수에 대하여 우리나라에서도 많이 알려져 있다. 에르되시는 공동연구를 많이 하였는데 방랑 생활을 하는 에르되시가 방문하면 에르되시와 공동 연구할 기회가 생겨 모두 반기며 좋아했다고 한다. 에르되시는 수학자 중 오일러 다음으로 많은 책을 집필한 것으로도 유명한데 에르되시의 불일치 문제는 83년 동안 풀리지 않았던 난제였다. 타오는 2015년 아들의 피아노 수업을 기다리다가 불현듯 아이디어가 떠올라 에르되시의 불일치 문제를 6일 만에 증명하였다고 한다.

1978년 필즈상을 수상한 찰스 페퍼만 프린스턴대학교 수학 교수는 "풀리지 않는 문제가 있을 때 이를 해결할 가장 좋은 방법은 이 문제로 타오의 관심을 끄는 것이다"라고 말할 정도로 타오는 여러 수학 난제를 해결하였다.

타오와 관련된 일화로 강의 시간 중 교수가 오랫동안 풀리지 않은 난제라고 소개한 문제를 강의 시간 동안 풀어서 증명하였다고 한다. 비슷한 일화로 선형계획법의 아버지라 불리는 조지 댄치그(George Bernard Dantzig, 1914~2005)도 박사학위 과정 중에 교수 예르지 네이만이 당시 유명한 난제 두 개를 칠판에 써 놓았는데 댄치그는 그것이 과제인 줄 알고 며칠 뒤 문제를 증명하여 리포트로 제출하였다고 한다. 난제가 해결된 순간이었다. 사실을 기반으로 조금은 과장된 면이 없잖아 있지만 대단한 천재들이란 걸 새삼 느끼지 않을 수 없다.

1) 정수론의 악동(惡童) 소수

소수(素數, prime number)는 고대 이집트 파피루스에 기록이 남아있을 정도로 수학 정수론에서 매우 중요한 주제로 오랫동안 다루어져 왔고 현대에 와서는 암호 분야에서 그 중요성이 부각되고 있다. 어떤 임의의 수에 대하여 더 이상 쪼갤 수 없는 숫자(1은 제외)의 곱으로 나타낼 수 있다. 예를 들면 $120 = 2 \times 2 \times 2 \times 3 \times 5$로 나타낼 수 있다. 어떤 수를 곱으로 나타낼 때 더 이상 쪼갤 수 없는 씨앗이 되는 수를 소수라고 한다. 이런 의미에서 북한에서는 소수를 씨수라고 한다.

17세기 뉴턴과 라이프니츠에 의해 미적분이 발표되고 미적분을 중심으로 한 해석학의 연구가 활발히 진행되었다. 해석학은 대부분 연속함수를 대상으로 한 실수개념에서 시작한다. 정수론은 수학자들의 관심사에서 점점 소외되었다. 그러다가 컴퓨터가 개발되고 컴퓨터 공학이 발전하면서 컴퓨터가 해결하지 못하는 문제에 사람들은 관심을 갖게 되었다. 컴퓨터가 해결하지 못하는 문제의 다수가 정수론과 관련된 문제였고 이러한 정수론은 다시 각광 받게 되었다. 컴퓨터가 해결하기 어려운 문제는 컴퓨터 보안체계를 구성하는 핵심 내용으로 등장하게 되었다. 그중에서 특히 소수와 관련된 내용이 많았다. 수백 자리에서 수천 자리에 이르는 십진법의 수를 소인수분해할 경우 기존 컴퓨터로 풀려면 상당히 오랜 시간이 걸릴 것으로 예측하고 있다.

1보다 큰 모든 양의 정수는 유한개의 소수의 곱으로 나타낼 수 있다는 정수론의 기본 정리(fundamental theorem of arithmetic)는 유클리드가 최초로 제시했고 가우스에 의해서 수정되었다.

또, 소수의 개수가 무한하다는 소수의 무한성에 대한 증명은 열 가지가 넘게 알려져 있는데 가장 오래된 증명은 유클리드의 증명이다.

그 내용은 『원론(Elements)』에 나와 있는데 그 내용을 보면

유한개의 소수가 존재한다고 가정하자.

이 유한개의 소수들을 모두 곱한 값에 1을 더하자.

그 값은 어떤 소수로 나누어도 나머지가 1이므로 어떤 소수로도 나누어 떨어지지 않는 수가 된다.

따라서, 그 수 역시 소수이다. 처음 가정에서 모든 소수의 곱에 1을 더하였으므로 이수는 모든 소수보다 더 큰 소수가 된다.

이것은 소수가 유한하다는 가정에 위배되므로 소수의 개수는 무한하다.

이를 현대식으로 표현하면

소수의 집합 $P = \{p_1, p_2, p_3, \cdots, p_n\}$이라고 가정하자.

$$p_1 p_2 p_3 \cdots p_n + 1 \equiv 1 \,(\bmod\, p_i),\ 1 \le i \le n$$

$$P_i \nmid p_1 p_2 p_3 \cdots p_n + 1$$

따라서 $p_1 p_2 p_3 \cdots p_n + 1$은 소수이고, $p_1 p_2 p_3 \cdots p_n + 1 \not\in P$

그러므로 소수의 집합을 $P = \{p_1, p_2, p_3, \cdots, p_n\}$으로 가정한 것에 모순이 되어 소수의 개수는 무한하다.

오일러는 조금은 색다르게 소수의 무한성을 다음과 같이 증명하였다.

먼저, 소수는 $p_1, p_2, p_3, \cdots, p_n$으로 유한하다고 가정하자.

자연수의 역수의 합인 조화수열에서 정수론의 기본 정리에 따라 분모인 자연수는 소수의 곱으로 나타낼 수 있다.

$$1 + \frac{1}{2} + \frac{1}{3} + \frac{1}{4} + \frac{1}{5} + \frac{1}{6} + \cdots$$

$$= \left(1 + \frac{1}{2} + \frac{1}{2^2} + \frac{1}{2^3} + \cdots\right)\left(1 + \frac{1}{3} + \frac{1}{3^2} + \frac{1}{3^3} + \cdots\right)\left(1 + \frac{1}{5} + \frac{1}{5^2} + \frac{1}{5^3} + \cdots\right)\cdots$$

$$= \prod_{p_i 소수} (1 + \frac{1}{p_i} + \frac{1}{p_i^2} + \frac{1}{p_i^3} + \cdots) \ \ 1 \le i \le n$$

여기서, 수열

$1 + \frac{1}{p_i} + \frac{1}{p_i^2} + \frac{1}{p_i^3} + \cdots$ 은 수렴하는 무한등비급수이다.

따라서,

$$\prod_{p_i 소수} (1 + \frac{1}{p_i} + \frac{1}{p_i^2} + \frac{1}{p_i^3} + \cdots) = \prod_{p_i 소수} (\frac{1}{1 - \frac{1}{p_i}}) = \prod_{p_i 소수} (\frac{p_i}{p_i - 1}) 로$$

소수가 유한하다고 가정하였으므로 특정한 값에 수렴한다.

오렘의 증명 방법에 따라

$$1 + \frac{1}{2} + \frac{1}{3} + \frac{1}{4} + \frac{1}{5} + \frac{1}{6} + \cdots$$

$$= 1 + \frac{1}{2} + (\frac{1}{3} + \frac{1}{4}) + (\frac{1}{5} + \frac{1}{6} + \frac{1}{7} + \frac{1}{8}) + \cdots$$

$$\ge 1 + \frac{1}{2} + (\frac{1}{4} + \frac{1}{4}) + (\frac{1}{8} + \frac{1}{8} + \frac{1}{8} + \frac{1}{8}) + \cdots$$

$$= 1 + \frac{1}{2} + \frac{1}{2} + \frac{1}{2} + \frac{1}{2} + \cdots \to \infty$$

따라서,

$1 + \frac{1}{2} + \frac{1}{3} + \frac{1}{4} + \frac{1}{5} + \frac{1}{6} + \cdots$ 은 발산하고

$\prod_{p_i 소수} (1 + \frac{1}{p_i} + \frac{1}{p_i^2} + \frac{1}{p_i^3} + \cdots)$ 은 수렴하므로

$$1 + \frac{1}{2} + \frac{1}{3} + \frac{1}{4} + \frac{1}{5} + \frac{1}{6} + \cdots \ne \prod_{p_i 소수} (1 + \frac{1}{p_i} + \frac{1}{p_i^2} + \frac{1}{p_i^3} + \cdots)$$

소수가 유한하다는 가정에 위배되므로 소수는 무한하다.

(1) 쌍둥이 소수

연속되는 2개의 소수의 차가 2일 때 쌍둥이 소수(twin primes)라고 한다. 즉, 3,5는 차가 2인 소수이므로 쌍둥이 소수이다. 5,7도 쌍둥이 소수이다. 그 외에 쌍둥이 소수는 $(11,13),(17,19),(29,31),(41,43),$ $(59,61),(71,73),(101,103),(107,109),(137,139),(149,151)\cdots$ 이다.

모든 쌍둥이 소수는 $(6k-1,6k+1)$로 표현된다. (k는 양의 정수이다. $(3,5)$는 제외)

모든 자연수는 $6k,\ 6k+1,\ 6k+2,\ 6k+3,\ 6k+4,\ 6k+5$중 하나의 형태로 나타낼 수 있다.

이중 $6k,\ 6k+2,\ 6k+3,\ 6k+4$는 소수가 아니다.

즉, 모든 소수는 $6k+1,\ 6k+5$의 형태 중 하나가 된다.

$6k+5=6(k+1)-1=6k'-1$로 표현된다.

따라서, 쌍둥이 소수는 차가 2인 연속된 소수이므로 $(6k-1,6k+1)$로 표현된다.

유클리드는 쌍둥이 소수가 무한히 많을 것으로 추측했다. 지금까지 발견된 가장 큰 쌍둥이 소수는 $2996863034895\times2^{1290000}\pm1$이다. 최근에 테렌스 타오 등에 의해 유클리드의 추측을 부분적으로 증명하였다.

4.35×10^{15}까지 모든 쌍둥이 소수에 대한 경험적인 분석에 의하면 x보다 작은 쌍둥이 소수의 개수는 대략 $\dfrac{xf(x)}{(\log x)^2}$개로 추정한다.

x가 작은 수일 때 $f(x)$는 약1.7이고 x가 커짐에 따라 $f(x)$는 약 1.3에 접근한다.

$f(x)$의 극한값은 쌍둥이 소수 상수의 2배인

$$2\prod_{p\geq3}(1-\frac{1}{(p-1)^2})=1.3203236\cdots$$와 같다고 추측되고 있다.

이 추측이 참이면 쌍둥이 소수 추측도 참이 된다. 하지만 아직 해결되지 않은 난제로 남아있다.

(2) 메르센 소수(Mersenne prime)

메르센(Marine Mersenne, 1588~1648)은 프랑스의 철학자, 물리학자, 수학자로 정수론 분야에서 중요한 업적을 남겼다. 데카르트, 갈릴레이, 페르마, 토리첼리 등과 교류하면서 연구성과를 공유하여 학문발전에 이바지하였다. 확률론의 창시자 블레즈 파스칼의 스승이기도 하다.

오일러는 $b_n = n^2 + n + 41$인 수열이 많은 소수를 만들어 낸다고 하였다. 실제로 n에 값을 대입하면 소수가 많이 나오는 것을 확인해볼 수 있다.

메르센은 $M(p) = 2^p - 1$, (p: 소수)인 형태의 수열을 발표하였는데 $3, 7, 31, 127, \cdots$인 수열이 된다. 이러한 수 중에서 소수인 것을 메르센 소수라고 부른다.

메르센 소수와 관련된 재미있는 일화가 있는데 1903년 미국 수학자 학회에서 넬슨 콜이라는 교수가 큰 수의 소인수분해라는 제목으로 강연하였다. 그는 칠판에 아무 말 없이 $2^{67} - 1$을 쓴 후 계산한 값 $147,573,952,589,676,412,927$을 얻었다. 그리고 잠시 후 다른 쪽 칠판에 $193,707,721 \times 761,838,257,287$을 계산하여 조금 전의 계산과 같은 값인 $147,573,952,589,676,412,927$을 썼다. 그는 강의 중 한마디도 하지 않았다. 마지막 값을 쓴 순간 강의실은 환호와 박수갈채로 메워졌다.

교수는 아무 말도 하지 않았지만 $2^{67} - 1$의 값이 메르센 소수임을 모두 직감했고 그 값이 $193,707,721 \times 761,838,257,287$이 되어 소수가 아님을 밝힌 것이다.

메르센은 258보다 작은 소수에 대하여 메르센 소수가 되는 것은 $p = 2, 3, 5, 7, 13, 17, 19, 31, 67, 127, 257$이 전부라고 생각하였다. 후에

$M(67)$, $M(257)$은 소수가 아닌 것으로 판명되었고, $M(61), M(89)$, $M(107)$이 추가되었다.

메르센 소수를 주목하는 이유는 어떤 수가 소수인지 쉽게 판별하는 알고리즘 때문이다.

메르센 소수는 누구나 찾을 수 있는 소수이다.

하지만 메르센 소수의 무한성은 아직 미해결 문제로 남아있다.

GIMPS(Great Internet Mersenne Prime Search)는 특별한 소프트웨어를 사용하여 메르센 소수를 찾는 사람들의 공동 프로젝트이다. 이 단체에 가입한 사람들은 현재에도 프로그램을 이용하여 메르센 소수를 찾는 데 노력하고 있다.

이 밖에 소수는 소피 제르맹 소수, 페르마 소수 등이 있다.

2) 무한 개념

소수의 개수는 무한하다. 무한하다는 표현을 막연하게 사용하지만, 수학적으로 엄밀한 정의가 필요하므로 여기서 잠깐 짚고 넘어가고자 한다.

고대 그리스의 수학에도 무한 개념은 존재하였다. 다만 그 개념이 명확하게 정의되지 않은 상태였다. 제논은 역설을 통하여 당시 사람들이 막연하게 생각하는 무한 개념의 모순점을 지적하였다.

그 당시엔 제논이 제시한 역설을 반박하기가 매우 어려웠으며, 이런 역설로 인하여 사회를 어지럽힌다는 이유로 왕에게 미움을 받아 처형당했다.

일설에 의하면 제논은 자기의 죽음을 예견하였는지 사형시키라는 왕의 명령이 떨어지자 제논은 죽기 전에 아무에게도 공개하지 않은 책을 왕에게 바치고 사형당할 수 있게 해달라고 요청하여 왕은 그 요청을 받아들였다. 제논이 사형당한 후 왕은 그 책을 읽는 중 책장이 잘 넘어가지 않아서 연신 손가락에 침을 묻혀 책장을 넘기면서 읽었으나 아무것도 적힌 내용이 없었다고 한다. 그 후 왕은 몸에 독이 퍼져 죽었다는 설이 있다. 또, 다른 설은 사형당하기 직전 왕에게 직접 전해야 할 중대한 비밀이 있다며 다른 사람이 듣지 못하도록 왕에게만 귓속말로 전할 것을 요청하였다. 왕은 허락하자 제논은 왕에게 가까이 다가가 왕의 귀를 물어뜯었다. 왕의 호위무사가 목을 내리쳤는데 목이 잘린 뒤에도 왕의 귀를 물고 있었다는 얘기가 전해진다. 아무튼 제논은 평범한 인물은 아니었던 것 같다.

하지만 제논의 역설은 당시 미흡한 수학, 과학이론에 화두(話頭)를 던졌으며 오랜 시간 논쟁을 통하여 무한대와 무한소에 대한 명확한 정의와 개념을 갖게 하였다. 또, 역설을 통하여 상대방의 주장이 잘못되었음을 보여줌으로써 자신의 주장이 참임을 보이는 귀류법의 시초라고 볼 수 있다.

이러한 제논의 역설은 오랜 기간 논의되어왔고 수학의 발전에 많은 영향을 끼쳤다.

19세기 초 코시[1](Augustin Louis Cauchy, 1789~1857)가 무한급수의 특성, 연속, 극한에 대하여 명확하게 규정하고, 19세기 말 게오르크 칸토어(Georg Cantor, 1845~1918)의 무한집합론이 나오면서 직선 위의 실수는 자연수처럼 하나씩 셀 수 있는 무한대보다 훨씬 더 많다는 것을 증명해 보이면서 이러한 제논의 역설의 모순을 찾아낼 수 있었다.

칸토어는 집합론의 창시자로 실수의 개념을 엄밀하게 정의하고 대각선 논법을 통하여 자연수와 유리수는 일대일대응이 되어 그 개수(농도)가 같은 무한집합이지만 실수는 자연수보다 그 개수(농도)가 훨씬 더 많다는 것을 증명하였다. 독일에서 레오폴트 크로네커에게 수학을 배우고 자신이 연구한 무한집합론을 비판받을 것을 걱정하여 십여 년

---

1 오귀스탱 루이 코시는 미적분에서 극한, 연속, 급수의 합 등의 개념을 명확하게 규정함. 해석학의 수준을 한 단계 끌어올리고 복소함수론의 기초정리를 확립함.

간 발표를 미루다가 발표하였으나 예상대로 레오폴트 크로네커, 앙리 푸앵카레 등 많은 유한주의와 직관주의 수학자들의 비판으로 우울증과 정신질환으로 정신병원에서 사망하였다.

자연수의 집합은 무한집합이다. 그렇지만 셀 수 있는 무한집합이다.

큰 새장 속에 수많은 새가 섞여 있을 때 새들을 하나도 빠짐없이 센다는 것은 어려운 일이다. 그러나 모든 새 다리에 리본을 묶으면 새들이 섞일지라도 묶은 리본의 수를 통하여 새가 몇 마리인지 알 수 있다. 새 전체를 A라는 집합으로 볼 때 새의 숫자를 집합 A의 기수(cardinal number)라고 한다. 새 전체의 집합 A와 새 다리에 묶은 리본의 집합 B는 같은 기수를 갖는다.

유한집합 또는 무한집합이든 관계없이 두 집합이 일대일대응이면 같은 기수를 갖는다. 무한은 특정한 큰 수를 나타내는 것이 아니다. 큰 수로는 불교에서 유래한 항하사(갠지스강의 모래의 수로 10^{56}을 의미함), 무량대수(10^{88})가 있는데 숫자로의 기능보다는 철학적인 의미를 내포하고 있다고 봐야 한다. 구골(Googol)은 10^{100}을 나타내는 숫자로 인터넷 검색엔진 업체 구글(Google)은 처음에 구골(Googol)로 등록하려다가 실수로 잘못 표기하여 지금까지 쓰이고 있다고 한다. 무한은 보통 무한대로 불리며 숫자가 아닌 무한히 커지는 상태로 ∞로 표기한다. 이상적인 개념으로 극한이라는 의미를 포함하고 있다.

갈릴레이 갈릴레오는(Galileo Galilei, 1564~1642)는 자연수의 집합 $A = \{1, 2, 3, 4, 5, \cdots\}$, 자연수 제곱의 집합 $B = \{1, 4, 9, 16, 25, \cdots\}$에서 집합 B는 자연수 집합의 일부이므로 A의 진부분집합이다. 유클리드 공리에 따라서 전체는 부분보다 크므로 B의 원소의 개수는 집합 A의 원소의 개수보다 적어야 한다고 하였다.

그런데, 집합 B의 원소의 양의 제곱근을 원소로 갖는 집합은 자연수의 집합과 같은 집합이 되어 자연수의 집합과 일대일대응이 된다. 결국 B의 원소의 개수는 집합 A의 개수와 같다. 이는 전체가 부분보다 크다는 유클리드 공리에 위배 되어 모순이 생긴다.

이것에 대하여 갈릴레오는 유클리드 공리에 따라 A의 진부분집합 인 B의 원소의 개수는 A의 원소의 개수보다 적어야 한다. 그러므로 무한한 원소의 개수를 갖는 두 집합의 크기를 비교할 때는 일대일대응 한다는 것만으로 두 집합의 원소 개수가 같다고 말할 수 없다는 결론 을 내린다. 이를 갈릴레이 역설이라고 하는데 이 논리는 게오르크 칸 토어의 이론이 나오기 전까지 무려 250년 동안 유지되었다.

집합론의 창시자이자 무한이라는 개념에 많은 연구를 하였던 칸토 어는 유클리드 공리인 전체는 부분보다 크다는 것은 유한집합에서 유 효하며 무한집합에서는 다르다고 하였다. 칸토어는 무한집합은 진부분 집합과 일대일대응이 가능한 집합이라고 정의하였고 갈릴레이의 역설 에서 자연수집합의 진부분집합인 제곱수의 집합은 자연수 집합과 일 대일대응이 가능하기에 무한집합이 된다. 따라서 제곱수의 집합은 자 연수의 집합과 기수가 같다고 하였다. 이러한 개념에서 보면 짝수의 집합, 홀수의 집합 모두 자연수의 집합과 일대일대응이 되므로 같은 기수를 갖는다.

유리수의 집합은 자연수의 집합과 일대일대응이 될까?

유리수는 $\dfrac{b}{a}\,(a, b : 정수,\ a \neq 0)$의 형태로 나타내어지므로 순서쌍 (a, b)로 좌표평면에 나타낼 수 있어 규칙성을 갖고 대응시키면 자연 수와 일대일대응이 가능하다.

그러나 실수의 집합은 자연수 집합과 일대일대응이 되지 않는다. 자연수와 일대일대응이 되는 무한집합은 셀 수 있어 가산집합(Countable Set)이라고 하고 실수와 같이 자연수와 일대일대응이 되지 않아 셀 수 없는 집합을 비가산집합(Uncountable Set)이라고 한다. 무한집합 중 자 연수 집합과 일대일대응이 되는 집합을 가부번집합(denumerable set)이 라고 한다.

칸토어는 실수의 집합은 자연수의 집합과 일대일대응이 되지 않는다는 것을 증명하였다. 실수의 집합과 자연수의 집합은 무한집합이지만 성격이 다른 무한집합인 것이다. 자연수 집합의 기수는 무한집합 중 가장 작은 기수를 갖는다고 생각하여 이 값을 $\aleph_0$(알레프 널, aleph-null)이라고 하고 실수의 기수는 $\aleph_1$(aleph-one)이라고 정의하였다.

3) 그린-타오 정리(Green-Tao theorem)

그린-타오 정리는 소수와 관련된 정리로 '임의의 길이를 갖는 소수의 등차수열은 항상 존재한다'는 것이다.

소수 3, 5, 7은 공차가 2인 등차수열이다. 이처럼 3개의 소수로 이루어진 등차수열을 길이가 3인 등차수열이라고 한다.

그러면, 5, 11, 17, 23은 길이가 4인 소수 등차수열이 된다.

[표 7-1]

항의 개수	항	공차
3	3, 5, 7	2
4	7, 19, 31, 43	12
5	5, 11, 17, 23, 29	6
6	7, 37, 67, 97, 127, 157	30
7	7, 157, 307, 457, 607, 757, 907	150
⋮	⋮	⋮

소수 관련 미해결 난제가 많이 남아있는데 그 중 대표적인 것은 골드바흐의 추측이다.

크리스티안 골드바흐(Christian Goldbach, 1690~1764)는 자신이 생각한 추측을 오일러에게 편지로 보내는데 그것이 골드바흐의 추측이다.

이 문제는 20세기 수학계 최대의 난제 중 하나로 힐베르트가 제안한 23개의 난제에 포함되어 있다.

> 골드바흐의 강한 추측 : 2보다 큰 모든 짝수는 두 소수의 합으로
> 나타낼 수 있다.
> 골드바흐의 약한 추측 : 5보다 큰 모든 홀수는 세 소수의 합으로
> 나타낼 수 있다.

강한 추측이 참이면 약한 추측은 참이지만 그 역은 성립하지 않을 수 있다. 골드바흐의 추측을 소재로 한 아포스톨로스 독시아디스의 소설 「사람들이 미쳤다고 말한 외로운 수학 천재 이야기(Uncle Petros and Goldbach's Conjecture)」는 잘 나가는 유명 대학교 수학 교수인 삼촌을 바라보는 조카의 시점에서 진행되는데 집안의 자랑이었던 삼촌이 교수직도 버리고 골드바흐의 추측을 증명하기 위해 여생을 바치면서 집안의 골칫덩이로 전락하는 과정을 그린 소설로 실제로 이 소설처럼 별다른 성과 없이 무명으로 인생을 보낸 수학자들도 많이 있다고 한다. 푸앵카레 추측[2]을 푸는데 인생을 바친 크리스토스 파파키리아코풀로스라는 실제 수학자를 모델로 소설을 썼다고 한다.

소수 관련 미해결 문제 중 두 번째는 너무나도 유명한 리만 가설이다. 7대 밀레니엄 문제로 선정되어 있으며 난제 중 난제로 꼽힌다.

리만 가설은 리만(Georg Friedrich Bernhard Riemann, 1826~1866)이 자기의 스승인 가우스를 기리기 위해 1859년 발표한 논문 「주어진 크

---

2 19세기 말 프랑스의 천재 수학자로 위상수학(Topology)의 창시자로 알려진 푸앵카레가 추측한 것으로 '어떤 하나의 닫힌 3차원 공간에서 모든 폐곡선이 수축되어 하나의 점이 될 수 있다면 이 공간은 반드시 원구(圓球)로 변형될 수 있다'이다. 밀레니엄 7대 난제 중 하나로 많은 수학자들이 도전하였다가 실패한 유명한 문제이다. 2002년 러시아의 수학자 그레고리 펠레만에 의해 증명되었다. 펠레만은 필즈상, 밀레니엄상, 상금, 유명 대학의 교수로 스카우트 제안 등 모두 거절하고 사라져 많은 화제를 낳기도 하였다. 푸앵카레 추측은 아인슈타인의 특수 상대성 이론의 모태가 되었고 우주의 모양을 예측할 수 있도록 하였다.

기보다 작은 소수들의 개수에 관하여(On the number of primes less than a given magnitude)」에서

제타함수 $\zeta(s) = 0$을 만족하는 모든 자명하지 않은 근의 실수부는 $\frac{1}{2}$이다.

라고 가정한 것이다.

가우스는 소수의 개수가 무한개이고 불규칙적으로 나오는 소수의 분포를 연구하던 중 충분히 큰 수 N에 대하여 N이하의 소수 밀도, $\frac{\pi(N)}{N} \sim \frac{1}{\log N}$ ($\pi(N)$: N이하의 소수의 개수) 이라고 추측을 했고 이것을 가우스의 소수정리라고 한다. 리만은 가우스의 소수 밀도를 오일러의 제타 함수를 확장하여 이를 해결하고자 했던 연구 과정에서 나온 가설이다.

오일러의 제타함수는 1보다 큰 임의의 실수 s에 대하여

$$\zeta(s) = \sum_{n=1}^{\infty} n^{-s} = \frac{1}{1^s} + \frac{1}{2^s} + \frac{1}{3^s} + \frac{1}{4^s} + \cdots \text{이다.}$$

$\zeta(2) = \frac{1}{1^2} + \frac{1}{2^2} + \frac{1}{3^2} + \frac{1}{4^2} + \cdots = \frac{\pi^2}{6}$ 은 오일러가 증명하여 유명해진 바젤문제이다.

리만은 s의 범위를 1을 제외한 복소수로 확대하여 리만 제타함수를 정의했다.

리만 제타함수를 복소평면에 그래프로 나타내면 곡면이 되는데 함수의 높이가 0이 되는 점을 찾아보았더니 $s = -2, -4, -6, \cdots$ 에서는 자명한 근을 갖고 나머지 근들은 실수부가 0부터 1사이에 분포해 있는데 이 자명하지 않은 근은 $\frac{1}{2} + bi$ 의 형태로 된다는 것을 리만은 직

감하였다. 즉, 실수부는 모두 $\frac{1}{2}$이라는 것이다.

수학뿐만 아니라 물리에서도 리만 가설이 참이라는 전제로 많은 논리가 이미 전개 되고 있는 상황이다. 이 난제 역시 많은 수학자가 도전하였다가 실패하였다. 영화 「뷰티플 마인드(The Beautiful mind)」로 잘 알려진 천재 수학자 존 내시(John Forbes Nash Jr., 1928~2015)도 리만 가설을 증명하기 위해 노력하다가 조현병(정신분열증)이 생겼다는 얘기가 있다. 인도의 수학자 라마누잔 역시 리만의 가설 증명을 시도하였다가 오랜 기간 스트레스로 인한 복통에 시달렸다고 한다. 최근의 일로는 필즈상과 아벨상을 받은 마이클 아티야(Michael Atiyah)가 2018년 9월 21일 리만 가설을 증명하였다고 발표하고 9월 24일 생방송할 예정이라고 하였다. 그의 업적이나 경력으로 보아 대단한 수학자였기에 수학자들은 반신반의하였다. 하지만 아쉽게도 증명은 실패하였다. 수학자들 사이에선 리만의 저주라고 할 정도로 난제인 것이다.

힐베르트가 선정한 20세기 수학자들이 반드시 해결해야 할 23가지 문제에 리만가설이 포함되어 있다. 힐베르트가 말하길 만약 내가 천 년 동안 잠들어 있다가 깨어난다면 가장 먼저 리만 가설은 증명되었습니까? 라고 물을 거라고 말할 정도로 힐베르트도 난제로 생각한 것이다. 현대의 암호체계가 대체로 큰 자연수를 소인수분해하는 것과 관련되어 있어 리만 가설이 증명된다면 현재 암호체계가 해독되어 큰 혼란이 올 것이라고 예상하고 있다.

소인수분해 관련 문제를 풀어보자.

자연수 n에 대하여 $n!$을 소인수분해한 것이 $n! = 2^a \, 3^b \, 5^c \, \cdots \, p^h$ (p는 소수)라고 할 때, $h = \left[\dfrac{n}{p}\right] + \left[\dfrac{n}{p^2}\right] + \left[\dfrac{n}{p^3}\right] + \cdots + \left[\dfrac{n}{p^k}\right]$이다. ($h$는 소인수의 지수, $p^k \leq n$)

문제 1

12!을 소인수분해 하여라.

12까지 자연수 / 소인수	2	3	4	5	6	7	8	9	10	11	12
2	2×1		2^2		2×3		2^3		2×5		$2^2 \times 3$
3		3×1			2×3			3^2			$2^2 \times 3$
5				5×1					2×5		
7						7×1					
11										11×1	

풀이 [ ]는 가우스 함수

$$\left[\frac{12}{2}\right] + \left[\frac{12}{2^2}\right] + \left[\frac{12}{2^3}\right] = 6 + 3 + 1 = 10$$

$$\left[\frac{12}{3}\right] + \left[\frac{12}{3^2}\right] = 4 + 1 = 5$$

$$\left[\frac{12}{5}\right] = 2$$

$$\left[\frac{12}{7}\right] = 1$$

$$\left[\frac{12}{11}\right] = 1$$

따라서, $12! = 2^{10} \times 3^5 \times 5^2 \times 7 \times 11$

08
오일러의 공식

오일러의 공식

오일러(Leonhard Paul Euler, 1707~1783)는 스위스 바젤에서 태어나 수학, 물리학, 천문학 분야에 업적을 남겼는데 특히 수학 분야에서는 3대 수학자인 가우스, 아르키메데스, 뉴턴과 비교해도 손색이 없을 정도로 많은 업적을 남겼다. 오일러는 요한 베르누이에게 수학을 배웠는데, 그의 아버지와 베르누이가 친분이 있었다. 오일러는 무명의 청년 시절 80여 년간 미해결문제였던 바젤 문제를 해결하면서 유명해졌다.

요한 베르누이의 세 아들 니콜라우스 베르누이 2세, 다니엘 베르누이, 요한 베르누이 2세 모두 수학자가 되었고, 오일러는 요한 베르누이 아들들과 형제처럼 친하게 지낸다. 훗날 요한 베르누이 2세의 아들과 오일러의 손녀는 결혼까지 했다.

요한 베르누이의 두 아들 니콜라스 베르누이와 다니엘 베르누이가 상트페테르부르크의 러시아과학아카데미에서 수학 교수와 생리학 교수로 있었는데, 니콜라스 베르누이가 충수염으로 사망하면서 다니엘 베르누이가 형의 자리인 수학 교수로 가고, 다니엘 베르누이가 맡았던 생리학 교수 자리에 오일러를 추천하여 20세인 오일러는 러시아의 상트페테르부르크 아카데미로 가게 되었다. 오일러는 다니엘 베르누이와 같은 집에 살면서 다니엘과 공동연구를 활발하게 하였다. 6년 후 다니엘 베르누이가 병을 얻어 스위스 바젤대학으로 돌아오면서 오일러가 다니엘의 수학 교수 자리를 이어받았다. 오일러는 그곳에서 결혼하였고, 28세에는 오른쪽 눈의 시력을 잃었다. 1741년 프리드리히 대왕의 초청을 받고 베를린 아카데미로 갔다가 1766년 예카테리나 2세의 초청으로 다시 러시아로 돌아갔다. 오일러는 연구에 매진하며 몸을 혹사시켜 나머지 눈마저 시력을 잃었다. 하지만 그의 열정은 식지 않았고 시력을 잃은 후에도 17년 동안이나 많은 연구와 논문을 발표하였다. 페르마는 증명 없이 발표한 내용이 많은데 오일러와 가깝게 지내던 골드바흐의 종용으로 페르마가 발표한 많은 내용을 증명하여 인정받게 하였다.

오일러에게는 베르누이 가문과 재미있는 일화가 있는데, 요한 베르누이와 다니엘 베르누이가 파리대학에서 열린 과학경연대회에 제출한 논문이 요한과 다니엘이 공동 1등을 수상하게 되었다. 요한은 아들인 다니엘과 공동 1등을 수상한 것에 몹시 자존심이 상해 아들 다니엘을 집에서 쫓아낸다. 다니엘의 유명한 저서 『유체역학』을 발표하기 전 우연히 그 내용을 본 요한은 그 내용이 대단한 것임을 직감하고 그것을 표절하여 『수력학』이란 제목으로 먼저 발표하자 다니엘은 요한의 표절을 문제 삼았다. 요한 베르누이는 자신이 먼저 연구한 내용이라며 증인으로 자기의 제자인 오일러를 내세웠는데 오일러는 스승과 친형처럼 따르던 다니엘 베르누이 사이에 난처한 입장에 놓이게 되었다. 오일러는 어쩔 수 없이 스승인 요한 베르누이 주장에 따랐고, 이 때문에 오일러는 다니엘 베르누이와 멀어지게 되었는데 얼마 못 가서 요한 베르누이가 표절한 것으로 밝혀졌다.

1783년 9월 18일 오일러는 새로 발견한 우라노스(천왕성)의 궤도를 연구하던 중 뇌출혈로 쓰러지고 얼마 후 사망하였다. 평생 그가 얼마나 연구하고 문제를 풀었는지 사람들은 오일러가 사망한 것을 오일러가 풀기를 멈췄다고 표현했다.

오일러는 지수와 로그가 서로 역함수 관계임을 보였고 오일러는 교과서를 저술하면서 수학적 기호, 표기 등 많은 것이 오일러에 의해 정리가 되었다. 예컨대 x에 대한 함수를 $f(x)$로, 자연상수를 e로 원주율은 π로 표기, 허수단위는 i로, 합의 기호는 $\sum$, 내접원의 반지름 r, 외접원의 반지름 R, 다각형에서 변의 길이는 $a, b, c, \cdots$, 각은 $A, B, C, \cdots$로 표기하면서 현재까지 세계 중·고등학교 수학책에서 그대로 사용하고 있다. 고등학교 수학 교과서에서 삼각함수를 원을 이용하여 정의한 것도 오일러이다.

오일러는 수학 논문을 많이 낸 수학자로도 유명한데, 약 92권의 전집과 866편에 달하는 논물을 작성하였다.

1) 자연상수 e

야코프 베르누이는 복리로 이자를 받는 경우에 대하여 생각하던 중 연간이자율 100% 복리로 원금과 이자를 받는 기간을 연간 쪼개어 받는 경우 어떻게 되는지를 계산하였다.

1원을 1년간 100% 이자율로 원금과 이자를 받으면 $1 + 1 = 2$원

1원을 1년간 50% 이자율로 6개월씩 2번 복리로 받으면

$1.5^2 = 2.25$원

1원을 1년간 25% 이자율로 3개월씩 4번 복리로 받으면

$1.25^4 = 2.44$원

…

1원을 1년간 $\dfrac{1}{n}$ 이자율로 $\dfrac{12}{n}$ 개월씩 n번 복리로 받으면

$(1 + \dfrac{1}{n})^n$ 원

그럼 n이 무한대로 늘어나면 $\displaystyle\lim_{n \to \infty}(1 + \dfrac{1}{n})^n = 2.7182818 \cdots = e$

다르게 표현하면 $\displaystyle\lim_{n \to 0}(1 + n)^{\frac{1}{n}} = 2.7182818 \cdots = e$

야코프 베르누이는 복리계산 문제를 통해 자연상수 $2.7182818 \cdots$ 이라는 무리수를 찾아냈다. 훗날 오일러가 자신의 이름을 딴 e로 표기하여 오일러의 상수라고 불리기도 한다.

2) 테일러급수

다항함수가 아닌 함수를 초월함수라고 한다. 다항함수는 미적분 등 계산이 쉬운 반면 초월함수는 그렇지 않기에 초월함수를 다항함수로 나타내는 방법이 없을까 하고 고민하게 된다.

물론 초월함수와 다항함수는 서로 다른 함수이기 때문에 같은 식으로 나타내는 것은 불가능하지만 근사적으로 표현하는 방법을 찾아내게 되는데 그것이 바로 테일러급수이다.

테일러급수는 초월함수 $f(x)$가 $x = a$를 포함하는 어떤 구간에서 도함수 $f'(x), f''(x), \cdots, f^{(n)}(x), \cdots$가 존재하고, $f(x)$의 $x = a$에서의 Taylor 전개식의 나머지 R_n이 $n \to \infty$일 때 0에 수렴하면,

$f(x)$는 다음과 같은 무한급수로 표시된다.

$f(x) =$

$$f(a) + \frac{f'(a)}{1!}(x - a) + \frac{f''(a)}{2!}(x - a)^2 + \cdots + \frac{f^{(n-1)}(a)}{(n-1)!}(x - a)^{n-1} + \cdots$$

특히 $a = 0$ 일 때의 급수

$$f(0) + \frac{f'(0)}{1!}x + \frac{f''(0)}{2!}x^2 + \cdots + \frac{f^{(n-1)}(0)}{(n-1)!}x^{(n-1)} + \cdots$$

를 매클로린 급수(Maclaurin series)라 한다.

초월함수 $y = e^x$을 다항식의 형태로 나타내면

$$e^x = a_0 + a_1 x + a_2 x^2 + a_3 x^3 + a_4 x^4 + \cdots \quad \cdots\cdots ①$$

식 ①에서 $x = 0$일 때 $a_0 = 1$

식 ①의 양변을 미분하면

$$e^x = a_1 + 2a_2 x + 3a_3 x^2 + 4a_4 x^3 + \cdots \quad \cdots\cdots ②$$

식 ②에서 $x = 0$일 때 $a_1 = 1$

식 ②의 양변을 미분하면

$$e^x = 2a_2 + 2 \times 3a_3 x + 3 \times 4a_4 x^2 + \cdots \quad \cdots\cdots ③$$

식 ③에서 $x = 0$일 때 $a_2 = \frac{1}{2}$

식 ③의 양변을 미분하면

$$e^x = 2 \times 3a_3 + 2 \times 3 \times 4a_4 x + \cdots \quad \cdots\cdots ④$$

식 ④에서 $x = 0$일 때 $a_3 = \frac{1}{2 \times 3} = \frac{1}{3!}$

같은 방법으로 반복하여 a_0, a_1, a_2, $\cdots$의 값을 대입하면

$$e^x = 1 + x + \frac{x^2}{2!} + \frac{x^3}{3!} + \frac{x^4}{4!} + \cdots + \frac{x^n}{n!} + \cdots$$을 얻을 수 있다.

이를 e^x의 매클로린 급수라고 한다.

마찬가지로 $y = \sin x$, $y = \cos x$를 매클로린 급수로 나타내면

$$\sin x = x - \frac{x^3}{3!} + \frac{x^5}{5!} - \frac{x^7}{7!} + \cdots$$

$$\cos x = 1 - \frac{x^2}{2!} + \frac{x^4}{4!} - \frac{x^6}{6!} + \cdots$$

적분을 이용하여 $\sin^{-1}x$의 매클로린 급수를 구해보고 원주율 π 값을 구하여보자.

let $y = \sin^{-1}x$

$\sin y = x,\ -\frac{\pi}{2} \leq y \leq \frac{\pi}{2}$ 이다.

$$\cos y \frac{dy}{dx} = 1, \quad \frac{dy}{dx} = \frac{1}{\cos y}$$

$-\frac{\pi}{2} \leq y \leq \frac{\pi}{2}$ 에서 $\cos y \geq 0$ 이므로

$$\cos y = \sqrt{1 - \sin^2 y} = \sqrt{1 - x^2}$$

따라서, $\dfrac{dy}{dx} = \dfrac{1}{\cos y} = \dfrac{1}{\sqrt{1 - x^2}}$ $(-1 < x < 1)$

$y = f(x)$ 로 놓으면

$$\frac{dy}{dx} = f'(x) = \frac{1}{\sqrt{1 - x^2}} \ (|x| < 1)$$

$f'(x)$를 매클로린 급수로 나타내면

$$f'(x) = \frac{1}{\sqrt{1 - x^2}} = (1 - x^2)^{-\frac{1}{2}} = 1 + \frac{1}{2}x^2 + \frac{1 \times 3}{2 \times 4}x^4 + \cdots (|x| < 1)$$

위의 식을 0에서 x까지 적분하면

$$f(x) = \sin^{-1}x =$$

$$\int_0^x \frac{1}{\sqrt{1-x^2}}dx = x + \frac{1}{2} \times \frac{x^3}{3} + \frac{1 \times 3}{2 \times 4} \times \frac{x^5}{5} + \cdots \; (|x| < 1)$$

$\sin^{-1}x$의 매클로린 급수에서 π의 근삿값을 구하여보자.

$$\sin^{-1}x = x + \frac{1}{2} \times \frac{x^3}{3} + \frac{1 \times 3}{2 \times 4} \times \frac{x^5}{5} + \cdots \; (|x| < 1)$$

$x = \dfrac{1}{2}$ 일 때

$$\sin^{-1}\frac{1}{2} = \frac{1}{2} + \frac{1}{2} \times \frac{1}{3} \times (\frac{1}{2})^3 + \frac{1 \times 3}{2 \times 4} \times \frac{1}{5} \times (\frac{1}{2})^5 + \cdots$$

$$\frac{\pi}{6} = \frac{1}{2} + \frac{1}{2} \times \frac{1}{3}(\frac{1}{2})^3 + \frac{1 \times 3}{2 \times 4} \times \frac{1}{5}(\frac{1}{2})^5 + \cdots \cdots$$

위의 식을 계산하면

$$\pi = 3.1415 \cdots$$

문제 1

자연상수 e의 값을 급수로 표현하여라.

풀이 매클로린 급수를 이용하면

$$e^x = 1 + x + \frac{x^2}{2!} + \frac{x^3}{3!} + \frac{x^4}{4!} + \cdots + \frac{x^n}{n!} + \cdots$$

$x = 1$이면, $e = 1 + 1 + \dfrac{1}{2!} + \dfrac{1}{3!} + \dfrac{1}{4!} + \cdots + \dfrac{1}{n!} + \cdots = \displaystyle\sum_{n=0}^{\infty} \dfrac{1}{n!}$

문제 2

다음 급수의 합을 구하여라.
$$1 - \frac{2}{2} + \frac{3}{4} - \frac{4}{8} + \frac{5}{16} - \cdots$$

풀이 테일러 전개식에서

$$\frac{1}{1+x} = 1 - x + x^2 - x^3 + x^4 - \cdots \quad (-1 < x < 1)$$

양변을 미분하면,

$$-\frac{1}{(1+x)^2} = -1 + 2x - 3x^2 + 4x^3 - 5x^4 + \cdots$$

양변에 x를 곱하면,

$$-\frac{x}{(1+x)^2} = -x + 2x^2 - 3x^3 + 4x^4 - 5x^5 + \cdots$$

$x = \dfrac{1}{2}$ 대입하면,

$$-\frac{\dfrac{1}{2}}{\left(\dfrac{3}{2}\right)^2} = -\frac{1}{2} + 2\frac{1}{2^2} - 3\frac{1}{2^3} + 4\frac{1}{2^4} - \cdots$$

$$= \frac{1}{2}\left(-1 + \frac{2}{2} - \frac{3}{4} + \frac{4}{8} - \frac{5}{16} + \cdots\right)$$

$$\therefore \ 1 - \frac{2}{2} + \frac{3}{4} - \frac{4}{8} + \frac{5}{16} - \cdots = \frac{1}{\left(\dfrac{3}{2}\right)^2} = \frac{4}{9}$$

3) 오일러 공식

오일러의 공식은 소설 『박사가 사랑한 수식』의 모티브가 되기도 하였고 영화 「이상한 나라의 수학자」에서도 언급된다.

$$e^{ix} = \cos x + i \sin x$$

으로 세상에서 가장 아름다운 공식이라고 한다.

특히 $x = \pi$일 때 $e^{i\pi} = -1$인 식에서 수학의 각 분야를 대표하는 숫자 즉, 해석학의 e, 대수학의 i, 기하학의 π로만 만들어진 식으로 유명하다.

뉴턴은 방정식 풀이할 때 복소수근은 인정하지 않고 i를 성가시게 생각하였다고 하는데 오일러는 당시 사람들이 궁금해하던 값 i^i의 값을 다음과 같이 설명하였다.

$\theta = \dfrac{\pi}{2}$일 때

$$e^{i\frac{\pi}{2}} = \cos \frac{\pi}{2} + i \sin \frac{\pi}{2} = i$$

양변에 i제곱하면,

$$i^i = \left(e^{i\frac{\pi}{2}} \right)^i = e^{-\frac{\pi}{2}} = \frac{1}{e^{\frac{\pi}{2}}}$$

오일러의 공식의 증명 방법은 여러 가지로 알려져 있는데 여기서는 두 가지 방법에 대하여 알아보도록 하자.

먼저, 미분과 적분을 이용하여 증명하면

극좌표에서 $r = 1$일 때

$z = \cos\theta + i\sin\theta$

$\dfrac{dz}{d\theta} = -\sin\theta + i\cos\theta$

$-i\dfrac{dz}{d\theta} = \cos\theta + i\sin\theta$

$-i\dfrac{dz}{d\theta} = z$

$-i\dfrac{dz}{z} = d\theta$

$\dfrac{dz}{z} = i\,d\theta$

$\displaystyle\int \dfrac{1}{z}dz = \int i\,d\theta$

$\ln|z| = i\theta + c$

$\theta = 0$일 때

$z = \cos\theta + i\sin\theta$에서 $z = 1$이 되어 $c = 0$

따라서 $z = e^{i\theta}$

즉, $e^{i\theta} = \cos\theta + i\sin\theta$

두 번째는 매클로린 급수를 이용하는 방법이다.

e^x, $\sin x$, $\cos x$를 매클로린 급수로 나타내면

$$e^x = 1 + x + \dfrac{x^2}{2!} + \dfrac{x^3}{3!} + \dfrac{x^4}{4!} + \cdots + \dfrac{x^n}{n!} + \cdots \qquad \cdots\cdots ①$$

$$\sin x = x - \dfrac{x^3}{3!} + \dfrac{x^5}{5!} - \dfrac{x^7}{7!} + \cdots$$

$$\cos x = 1 - \dfrac{x^2}{2!} + \dfrac{x^4}{4!} - \dfrac{x^6}{6!} + \cdots$$

① 에서 $x = i\theta$를 대입하면

$$e^{i\theta} = 1 + i\theta + \frac{(i\theta)^2}{2!} + \frac{(i\theta)^3}{3!} + \frac{(i\theta)^4}{4!} + \cdots + \frac{(i\theta)^n}{n!} + \cdots$$

$$= 1 - \frac{\theta^2}{2!} + \frac{\theta^4}{4!} - \frac{\theta^6}{6!} + \cdots + i\left(\theta - \frac{1}{3!}\theta^3 + \frac{1}{5!}\theta^5 - \frac{1}{7!}\theta^7 + \cdots\right)$$

$$= \cos\theta + i\sin\theta$$

즉, $e^{i\theta} = \cos\theta + i\sin\theta$

4) 드 무아브르의 정리(de Moivre's theorem)

복소수 $z = r(\cos\theta + i\sin\theta)$에 대하여
$z^n = r^n(\cos n\theta + i\sin n\theta), n \in Z(\text{정수})$이다.

증명 $z = re^{i\theta}$에서

$$z^n = r^n(e^{i\theta})^n = r^n e^{i(n\theta)}$$

오일러의 공식 $e^{i\theta} = \cos\theta + i\sin\theta$에서
θ대신 $n\theta$를 대입하면

$$e^{i(n\theta)} = \cos n\theta + i\sin n\theta$$

따라서, $z^n = r^n(\cos n\theta + i\sin n\theta), n \in Z(\text{정수})$

문제 3

$(\sqrt{3}-i)^{10}$을 $a+bi$의 꼴로 나타내어라. $(a, b \in R)$

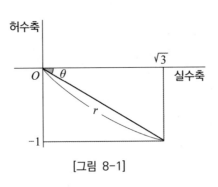

[그림 8-1]

풀이 $r = |\sqrt{3}-i| = \sqrt{(\sqrt{3})^2+(-1)^2} = 2$ 이므로

$$(\sqrt{3}-i)^{10} = 2^{10}\left\{\frac{\sqrt{3}}{2}-i\frac{1}{2}\right\}^{10}$$

$$= 2^{10}\left\{\cos\left(-\frac{1}{6}\pi\right)+i\sin\left(-\frac{1}{6}\pi\right)\right\}^{10}$$

$$= 2^{10}\left(\cos\frac{10}{6}\pi-i\sin\frac{10}{6}\pi\right)$$

$$= 2^{10}\left(\cos\frac{\pi}{3}+i\sin\frac{\pi}{3}\right)$$

$$= 512+512\sqrt{3}\,i$$

09
데카르트의 엽선

데카르트의 엽선

데카르트(René Descartes, 1596~1650)는 프랑스의 철학자, 수학자, 물리학자로 근대철학의 아버지, 합리론의 창시자로 불릴 만큼 근대 유럽 철학에 많은 영향을 끼쳤다. 내가 경험을 통해 얻은 지식은 정확한 것이 아니기 때문에 어떤 것이든 분명하고 확실한 근거를 요구했고, 경험이 아닌 이성을 통해 진리를 찾아야 한다는 합리주의를 주장하였다. 중세 스콜라철학을 배제한 데카르트의 이러한 철학적 방법론은 자연과학과 수학의 급격한 발전을 이끌어내는 원동력이 되었다.

데카르트는 프랑스의 작은 도시 라이(La Haye)에서 부유한 집안의 아들로 태어났다. 라이(La Haye)는 1996년 데카르트 탄생 400주년을 기념하여 도시 이름을 데카르트로 바꿨다고 한다. 데카르트 어머니는 데카르트를 낳고 1년 후 사망하였고, 데카르트 역시 태어날 때부터 몸이 좋지 않았다. 몸이 약한 데카르트를 걱정하여 데카르트 아버지는 늦은 나이에 학교에 입학시켰는데, 엄격한 기숙학교였지만 몸이 약한 데다가 그의 천재성을 인정하여 새벽 미사에 참석하지 않고 특별히 늦잠 자는 것을 허락하였다고 한다. 데카르트는 이때부터 평생 늦잠 자는 습관을 갖게 되었고 아침 침대에서 사색을 즐겼다. 이렇게 사색하는 습관은 훗날 데카르트 사상에 많은 영향을 끼쳤다. 데카르트는 아버지의 뜻에 따라 대학에 입학했지만 글로 하는 공부보다는 나 자신 안에서 찾을 수 있는 지식이나, 세상이라는 커다란 책에서 찾을 수 있는 지식 외에는 추구하지 않기로 했다며 대학을 그만둔다. 다양한 경험을 위해 여러 곳을 여행하고 각양각색의 사람들을 만나며 술, 도박, 여자에 빠지기도 하였다. 여행 중에 배를 타고 가던 중 배에서 몇 사람이 데카르트를 죽이고 그의 재물을 갖고자 음모를 꾸몄으나 자신을 죽이려고 하는 그들을 제압하기도 하였다. 군에 입대하여 전투에도 참전하고, 자신의 약한 몸을 극복하고자 노력하여 검술에 능한 군인이 되기도 하였다. 세상이라는 큰 책에서 배움을 얻고 그는 1623년 고향 라이에서 자기의 재산을 모두 팔아 연금 형태로 받을 수 있게 하여 생활을 유지하였다.

1637년『방법서설』을 출간하였는데 제4부에 데카르트 사상의 기본이 되는 유명한 명제 "나는 생각한다. 그러므로 나는 존재한다(Cogito ergo sum)"가 나온다. 1642년경부터 데카르트는 크게 주목받기 시작하였다. 이 책에서 데카르트가 보여준 철학적 내용은 전통적인 철학사상과 신학의 기반을 뒤흔들만한 혁신적인 것으로 평가받았지만, 중세의 신학 사상을 중시하는 신학자와 철학자들이 공공연하게 데카르트를 비난했다. 마침 스웨덴의 크리스티나 여왕이 간곡하게 데카르트를 자기의 개인 교사로 초빙했고, 데카르트는 1649년 가을 스톡홀름으로 갔다. 그리고 이듬해인 1650년 2월 11일 그곳에서 세상을 떠났다. 공식적인 사인은 폐렴이었다. 데카르트는 새벽에 잠들어 정오 가까운 시간까지 침대에서 일어나지 않는 생활에 익숙해져 있었다. 그러나 크리스티나 여왕은 매일 이른 아침 데카르트와 만나려 했고, 이것이 데카르트의 면역 체계를 극도로 악화시켰다는 설이 있고, 독살설도 있다. 스톡홀름에서 활동하던 프랑스 가톨릭 선교사 자크 비오그 신부가 영성체 빵에 독극물을 발라 데카르트에게 주었다는 설이다. 신교 국가인 스웨덴이 가톨릭 국가로 바뀌기를 바랐던 비오그 신부가, 데카르트의 혁신적인 사상이 스웨덴 여왕에게 영향을 미치게 될 것을 우려하여 독살하였다는 설이다. 1663년 교황청은 데카르트의 저서를 금서 목록에 올렸다. 데카르트의 유해는 스톡홀름의 묘지에 묻혔다가 1666년 프랑스로 옮겨져 파리 생제르맹데프레 성당에 묻혔다. 1792년 유해를 팡테옹으로 이장하기 위해 묘지를 발굴한 결과 시신에는 두개골이 없었다. 두개골은 시신을 수습한 스웨덴 근위대장이 따로 보관해오다가 19세기 말 경매에 부쳐져 처음 세상에 알려졌다.

데카르트는 철학자로 많이 알려졌지만 철학 외에도 우주론, 광학, 기상학, 기하학, 생리학에 관하여 연구하였다. 모든 분야에서 한 사람이 평생 이루기 힘든 업적 이상으로 많은 업적을 남겼다. 특히 수학에서는 기하학에 대수적 해법을 적용한 해석기하학의 창시자로서 근대 이후 수학발전에 많은 영향을 끼쳤다.

1637년의 그의 논문 『방법서설』에 실린 세 가지 부록 가운데에서 기하학이라는 제목이 붙은 마지막 부록에 근거하여 해석기하학의 시작으로 본다.

해석기하학의 시작은 데카르트와 페르마에 의해 독립적으로 이루어졌다.

페르마가 1636년에 지인에게 보낸 편지에서 밝힌 내용은 많은 새로운 곡선을 제안하였고, 대수적 방정식도 정의하였다. 방정식에서 시작해서 그것의 궤적을 연구하였다. 사후에 출판된 『평면 및 입체 궤적 입문』에 그 내용이 실려 있다. 데카르트에 비해 페르마가 훨씬 더 많이 방정식의 그래프를 연구한 것으로 보인다.

16세기는 대수학의 시대로 3차, 4차 방정식의 일반해법이 발견되고, 문자 기호의 도입과 허수 개념이 도입되었다. 지리상의 발견과 항해술의 발달은 코페르니쿠스의 지동설을 뒷받침해주었고, 갈릴레이의 자유낙하 법칙의 발견과 케플러의 행성운동 법칙의 발견 등 천문학과 역학의 발전을 가져왔다.

데카르트는 모든 기하 문제의 해결에 적용할 수 있는 일반적인 방법을 찾고자 노력하였다. 이러한 노력으로 현재 중고등학교에서 많이 사용되고 있는 직교좌표가 데카르트에 의해 만들어지게 된다. 그의 이름을 따서 데카르트 좌표(cartesian coordinate)라고도 한다.

우리는 직교좌표에 큰 의미를 부여하지 않고 사용하고 있지만 직교좌표는 해석기하학이라는 새로운 수학의 탄생과 수학발전에 급물살을 일으키게 된다. 데카르트는 직선에 실수를 대응시켜 평면좌표 개념을 도입하고 점을 순서쌍 (x, y)로 나타내어 평면을 대수적인 방법으로 표현하였다. 그래프를 이용하여 방정식의 해를 구하고, 원추곡선과 같이 어떤 기하학적 성질을 만족하는 곡선의 방정식을 구하여 그 성질을 연구할 수 있게 되었다. 이러한 해석기하학이 나오면서 기하학 정리를 대수적으로 증명할 수 있게 되었고, 역으로 대수 정리를 기하학적으로 해결하거나 그 대수적인 성질을 밝히는 데 이용할 수 있게 하였다. 이러한 발상은 함수개념과 미적분학을 탄생시키게 하였고 대수학과 기하학을 연계시킨 해석기하학이라는 새로운 학문의 지평을 열게 된 것이다.

현대 수학은 뉴턴과 라이프니츠가 남긴 미적분학과 데카르트가 남긴 해석기하학을 기반으로 하며, 좌표는 직교좌표 외에 극좌표계(polar coordinate system), 원통 좌표계(Cylindrical coordinate), 구면좌표계(Spherical coordinate), 공간좌표 등이 사용되고 있다. 또, 데카르트 철학사상은 과학적 탐구 방법을 탄생시켰다. 수학의 증명 방법, 과학의 탐구 방법에서 연역법과 귀납법은 양대 산맥을 이루는 방법으로 연역법은 데카르트의 합리주의를, 귀납법은 베이컨의 경험주의에 뿌리를 두고 있다.

1) 극좌표

우리는 평면상에 존재하는 점의 위치를 $P(x, y)$와 같은 방법으로 나타내었다. x축, y축을 설정하여 점의 위치를 나타내는 방식을 직교좌표계 (rectangular coordinates system)이라고 한다.

또, 점의 위치를 원점과의 거리(r)와 시초선(x축)과 동경이 이루는 각(θ)으로 점의 위치를 표현하는 방식을 극좌표계(polar coordinates system)라고 한다.

원점에서 거리가 $\sqrt{2}$이고 x축을 시초선으로 하는 동경이 $\dfrac{\pi}{4}$인 점 P는 $\left(\sqrt{2}, \dfrac{\pi}{4}\right)$로 표현된다.

극좌표계와 직교좌표계는 삼각함수를 이용하여 서로 변환할 수 있다. 극좌표계로 (r, θ)로 표현된 점을 직교좌표계로 변환하면 $(r\cos\theta, r\sin\theta)$이다.

극좌표 위의 점 $\left(1, \dfrac{5}{4}\pi\right)$을 직교좌표로 나타내면

$x = r\cos\theta$, $y = r\sin\theta$에서

$x = \cos\dfrac{5\pi}{4} = -\dfrac{\sqrt{2}}{2}$, $y = \sin\dfrac{5\pi}{4} = \dfrac{\sqrt{2}}{2}$

그러면, 극좌표에서 영역의 넓이와 곡선의 길이를 구하는 방법을 알아보자.

[그림 9−1]과 같이 직선 $\theta = \alpha$, $\theta = \beta$, 곡선 $r = f(\theta)$가 이루는 넓이는

$\angle POQ$를 같은 각의 크기로 n등분한 후 k번째 영역의 넓이를 중심각 $\Delta\theta_k$, 반지름 $r_k = f(\theta_k)$인 부채꼴 모양으로 만들면

k번째 부채꼴의 넓이 $A_k = \dfrac{1}{2}(r_k)^2 \Delta\theta_k$ 즉,

$dA = \dfrac{1}{2}r^2 d\theta = \dfrac{1}{2}(f(\theta))^2 d\theta$ [그림 9−2]

따라서, 영역의 넓이 $A = \displaystyle\lim_{n \to \infty} \sum_{k=1}^{n} \frac{1}{2}(f(\theta_k))^2 \Delta\theta_k$

$$= \int_{\alpha}^{\beta} \frac{1}{2}(f(\theta))^2 d\theta \;=\; \int_{\alpha}^{\beta} \frac{1}{2}r^2 d\theta$$

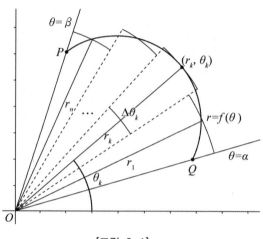

[그림 9-1]

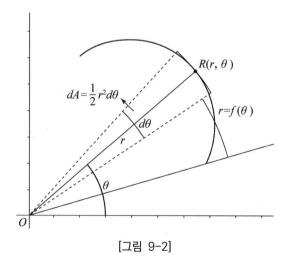

[그림 9-2]

곡선의 길이 $L = \int_{\alpha}^{\beta} \sqrt{\left(\dfrac{dx}{d\theta}\right)^2 + \left(\dfrac{dy}{d\theta}\right)^2}\, d\theta$ 에서

$x = r\cos\theta,\ y = r\sin\theta$ 에서

$$\dfrac{dx}{d\theta} = \dfrac{dr}{d\theta}\cos\theta - r\sin\theta,\quad \dfrac{dy}{d\theta} = \dfrac{dr}{d\theta}\sin\theta + r\cos\theta$$

$$\left(\dfrac{dx}{d\theta}\right)^2 + \left(\dfrac{dy}{d\theta}\right)^2$$

$$= \left(\dfrac{dr}{d\theta}\right)^2 \cos^2\theta - 2r\dfrac{dr}{d\theta}\cos\theta\sin\theta + r^2\sin^2\theta$$

$$+ \left(\dfrac{dr}{d\theta}\right)^2 \sin^2\theta + 2r\dfrac{dr}{d\theta}\cos\theta\sin\theta + r^2\cos^2\theta$$

$$= r^2 + \left(\dfrac{dr}{d\theta}\right)^2$$

따라서, $L = \int_{\alpha}^{\beta} \sqrt{r^2 + \left(\dfrac{dr}{d\theta}\right)^2}\, d\theta$

2) 데카르트 엽선(Folium of Descartes, R)

1638년 페르마가 해석기하학의 시초가 되는 방정식의 궤적을 한창 연구할 무렵 데카르트는 임의의 점에서 접선을 찾는 문제로 페르마에게 도전을 하였으나 져서 원통해하였다고 한다.

수학자들 사이에서 공개 시합은 16세기 성행하였는데 이 시기에도 그런 형태가 남아있었던 것 같다. 두 사람은 공개 시합은 아니었지만 서로 문제를 내서 상대방이 낸 문제를 많이 풀은 사람이 이기는 방식으로 데카르트의 엽선은 데카르트가 페르마에게 낸 문제 중 하나이다. Folium은 나뭇잎을 뜻하는 라틴어이다.

방정식 $x^3 + y^3 - 3axy = 0$, $a \neq 0$이 이루는 곡선을 데카르트 엽선이라고 한다.

$a = 1$일 때, 이 방정식은 $x^3 + y^3 - 3xy = 0$으로 고등학교 수학 교과서에 많이 나오는 방정식이다. 다만 이 방정식이 데카르트의 엽선이라는 별도의 소개가 없고 성질을 다루지 않았을 뿐이다.

이 곡선은 직선 $y = x$에 대하여 대칭이고 직선 $x + y + a = 0$이 이 곡선의 점근선이다.

1966년 알바니아에서는 데카르트 엽선이 우표로 발행하기도 했다.

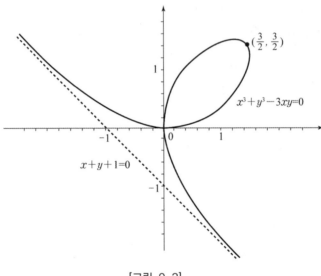

[그림 9-3]

이 곡선의 방정식 $x^3 + y^3 - 3xy = 0$에서

$x = r\cos\theta$, $y = r\sin\theta$를 대입하여 정리하면

$$r = \frac{3\cos\theta\sin\theta}{\cos^3\theta + \sin^3\theta} = \frac{3\sec\theta\tan\theta}{1 + \tan^3\theta}$$

let $\tan\theta = t$

$$r^2 = \frac{9t^2(1 + t^2)}{(1 + t^3)^2} \quad (\because \sec^2\theta = 1 + \tan^2\theta)$$

위의 식에서 $t = -1$에서 불연속이다.

$\tan\theta = -1$에서 점근선의 기울기가 -1임을 알 수 있다.

[그림 9-3]과 같이 점근선의 방정식은 $y = -x - 1$이다.

매개변수 $t = \tan\theta = \dfrac{y}{x}$이므로 $\dfrac{y}{x} = t\,(t^3 \neq -1)$로 표현하면

$$x^3 + y^3 - 3xy = 0$$

$$1 + \frac{y^3}{x^3} - 3\frac{y}{x^2} = 0$$

$$1 + t^3 - 3t\frac{1}{x} = 0$$

$$x = \frac{3t}{1 + t^3}, \; y = \frac{3t^2}{1 + t^3}$$

곡선의 그래프는 [그림 9-3]과 같이

$t < -1$일 때, $x > 0, y < 0$이 되어 오른쪽 아래 날개 부분이 되고

$-1 < t < 0$일 때, $x < 0, y > 0$이 되어 왼쪽 위 날개

$0 < t$일 때, $x > 0, y > 0$이 되어 엽선(loof) 모양이 됨을 알 수 있다.

$$A = \frac{1}{2}\int_0^{\frac{\pi}{2}} r^2 d\theta\,\text{에서}$$

『$\tan\theta = t$에서 θ에 대하여 미분하면 $\sec^2\theta d\theta = dt$

$$d\theta = \frac{1}{\sec^2\theta}dt = \frac{1}{1+\tan^2\theta}dt = \frac{1}{1+t^2}dt$$

$\theta\to\frac{\pi}{2}$일 때 $t\to\infty$, $\theta\to0$일 때 $t\to0$』

$$A = \frac{1}{2}\int_0^{\infty}\frac{9t^2(1+t^2)}{(1+t^3)^2}\frac{1}{1+t^2}dt$$

$$= \frac{3}{2}\int_0^{\infty}\frac{3t^2}{(1+t^3)^2}dt$$

데카르트 곡선이 둘러싸는 잎사귀 모양(엽선)의 영역의 넓이는 극좌표를 이용하여 계산하는 것이 편하다. 엽선의 넓이를 A라고 하면

$$A = \frac{1}{2}\int_0^{\frac{\pi}{2}} r^2 d\theta\,\text{에서}$$

let $1+t^3 = u$이면 $3t^2 dt = du$

$$= \frac{3}{2}\int_1^{\infty}\frac{1}{u^2}du$$

$$= \frac{3}{2}\left[-\frac{1}{u}\right]_1^{\infty}$$

$$= \frac{3}{2}$$

데카르트 엽선 $x^3 + y^3 = 6xy$에서 $x + y$의 최댓값을 구하여라.

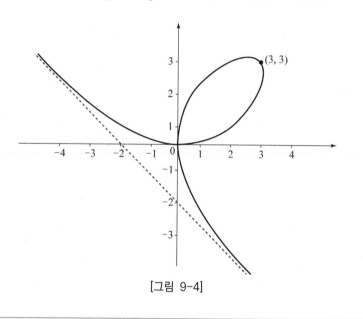

[그림 9-4]

풀이 $x^3 + y^3 = 6xy$의 양변을 x에 대하여 미분하면

$$3x^2 + 3y^2 \frac{dy}{dx} = 6y + 6x \frac{dy}{dx}$$

$$(3y^2 - 6x) \frac{dy}{dx} = 6y - 3x^2$$

$$\frac{dy}{dx} = \frac{2y - x^2}{y^2 - 2x}$$

$x + y$의 값을 k라고 하면

$x + y = k$에서

$y = -x + k$

즉, $\dfrac{dy}{dx} = \dfrac{2y-x^2}{y^2-2x} = -1$

$x^2 - 2y = y^2 - 2x$

$(x+y)(x-y) + 2(x-y) = 0$

$(x-y)(x+y+2) = 0$

$x - y = 0$ 또는 $x + y + 2 = 0$

ⅰ) $x = y$일 때

$x^3 + x^3 - 6x^2 = 0$

$2x^2(x-3) = 0$

$x = 0$ 또는 $x = 3$

$x = 3$일 때 $x + y = 6$

ⅱ) $x + y + 2 = 0$일 때

$x + y = -2$

따라서 $x + y$의 최댓값은 6이다.

문제 2

극방정식 $r = \sin 3\theta$에서 주어진 곡선으로 둘러싸인 부분의 넓이를 구하여라.

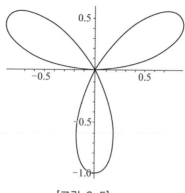

[그림 9-5]

풀이 [그림 9-5]와 같이 엽선이 3개인 모양이다.

$\theta = 0$일 때 $r = 0$

$\theta = \dfrac{\pi}{3}$일 때 $r = 0$이므로

$S = \displaystyle\int_{\alpha}^{\beta} \dfrac{1}{2} r^2 d\theta$에서

$S = 3 \displaystyle\int_{0}^{\frac{\pi}{3}} \dfrac{1}{2} r^2 d\theta$

$= \dfrac{3}{2} \displaystyle\int_{0}^{\frac{\pi}{3}} \sin^2(3\theta) d\theta$

$\sin^2\theta = \dfrac{1 - \cos 2\theta}{2}$이므로

$= \dfrac{3}{2} \displaystyle\int_{0}^{\frac{\pi}{3}} \dfrac{1 - \cos 6\theta}{2} d\theta$

$$= \frac{3}{2} \left[\frac{\theta}{2} - \frac{\sin 6\theta}{12} \right]_0^{\frac{\pi}{3}}$$

$$= \frac{\pi}{4}$$

문제 3

극방정식 $r = \sqrt{2}(1+\cos\theta)$로 둘러싸인 부분의 넓이와 곡선의 길이를 구하여라.

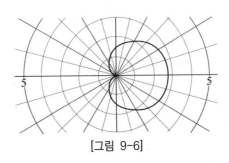

[그림 9-6]

풀이 $\theta = 0$일 때 $r = 2\sqrt{2}$, $r = 0$일 때 $\theta = \pi$이므로

x축에 대하여 대칭이므로 x축 윗부분의 넓이를 S라고 하면

넓이 $S = \displaystyle\int_\alpha^\beta \frac{1}{2} r^2 d\theta$에서

$$S = \frac{1}{2} \int_0^\pi 2(1+\cos\theta)^2 d\theta = \int_0^\pi (1+2\cos\theta + \cos^2\theta) d\theta$$

$$= \int_0^\pi \left(1 + 2\cos\theta + \frac{1+\cos 2\theta}{2}\right) d\theta$$

$$= \frac{3}{2}\pi$$

따라서 전체 넓이는 3π

곡선의 길이는

$r = \sqrt{2}(1+\cos\theta)$ 에서

$\dfrac{dr}{d\theta} = -\sqrt{2}\sin\theta$

$L = \displaystyle\int_{\alpha}^{\beta} \sqrt{r^2 + (\dfrac{dr}{d\theta})^2}\, d\theta$ 에서

$L = 2\displaystyle\int_{0}^{\pi} \sqrt{2(1+\cos\theta)^2 + (-\sqrt{2}\sin\theta)^2}\, d\theta$

$\quad = 2\sqrt{2}\displaystyle\int_{0}^{\pi} \sqrt{(1+2\cos\theta+\cos^2\theta+\sin^2\theta}\, d\theta$

$\quad = 4\displaystyle\int_{0}^{\pi} \sqrt{(1+\cos\theta}\, d\theta$

$1+\cos\theta = 2\cos^2\dfrac{\theta}{2}$ 이므로

$\quad = 4\sqrt{2}\displaystyle\int_{0}^{\pi} \left|\cos\dfrac{\theta}{2}\right| d\theta$

$\quad = 8\sqrt{2}\left[\sin\dfrac{\theta}{2}\right]_{0}^{\pi}$

$\quad = 8\sqrt{2}$

10
이차곡선

EVCLIDE

이차곡선

기원전 7세기경 그리스와 이집트는 상업적 교류는 물론 학문교류가 활발히 일어나 탈레스, 피타고라스, 플라톤 등 그리스의 학자들이 이집트를 방문하여 이집트 승려들로부터 가르침을 받았다. 이집트 수학은 경험을 토대로 실질적으로 생활에 필요한 문제 해결 중심이었던 반면에 그리스는 실생활을 넘어 사물의 이상적인 관계를 찾는 철학과 기하학으로 발전하게 되었다.

그리스에서 기하에 관한 연구는 탈레스(Thales, BC 640~546)에 의해 시작된 것으로 본다. 탈레스는 이집트에 머무는 동안 막대의 그림자와 피라미드의 그림자를 이용하여 피라미드의 높이를 측정하여 이집트 왕을 깜짝 놀라게 하였다. 또, 일식을 예측하여 사람들을 놀라게 하고 이등변삼각형의 두 밑각의 크기가 같다, 맞꼭지각의 크기가 같다, 반원에 대한 원주각은 항상 직각이다, 한 변과 양 끝이 같은 두 삼각형은 합동이다라는 사실을 밝혀냈으며, 고대 그리스의 7대 현인 중 한 명으로 최초의 수학자, 최초의 철학자로 밀레투스 학파의 창시자이다.

탈레스의 제자로 알려진 피타고라스(Pythagoras, B.C, 570~405)는 이집트에서 공부하고 피타고라스 학파를 창립하였는데 플라톤이 아카데미아를 설립할 때까지 적어도 2세기 동안 계속되었다. 피타고라스는 최초로 철학이라는 용어를 사용하였다. 플리우스의 왕 레온이 피타고라스의 박식함과 언변에 감탄하여 어떤 기술을 최대로 사용했는지에 대하여 묻자 피타고라스는 어떤 기술도 알지 못하며 지혜를 사랑하는 사람(philosophos, 철학자)이라고 대답했다고 한다.

이집트, 중국 등 주요 문명 지역에서는 주로 측량 기술과 경험, 실생활 중심의 수학으로 발전된 것과는 달리 그리스인들은 사물에 대하여 철학적으로 접근하고 보편적이고 간단한 법칙으로 발전시켜나갔다. 특히, 탈레스와 피타고라스는 논증 기하학에 많은 영향을 미치게 된다.

기원전 5세기경 영화 「300」으로 유명한 그리스와 페르시아의 전쟁에서 그리스는 수(數)적으로 불리함을 극복하고 페르시아를 물리치고 에게해에서의 주도권을 차지한다. 이 때문에 그리스의 도시국가는 상업이 번창하게 되고 아테네는 학문의 중심지가 되었다.

소피스트들은 보수를 받으며 일반인에게 수사학, 철학, 수학, 천문학을 가르쳤다. 소피스트들은 3대 작도 불능 문제에 매달렸으며, 제논은 역설을 통하여 무한소와 무한대라는 개념의 모호함을 지적하였다. 기원전 389년 플라톤은 아테네에 아카데미아를 세우고 여생을 교육에 바쳤는데, 그의 스승 소크라테스가 수학을 경시한 것과는 달리 수학에 큰 가치를 부여하였다. 플라톤 학파에서는 각기둥, 각뿔 원기둥, 원뿔을 연구하였는데 이 과정에서 원뿔곡선이 발견되었다. 플라톤의 제자 에우독소스는 밑면과 높이가 각각 같을 때 각뿔의 부피는 각기둥 부피, 원뿔의 부피는 원기둥 부피의 $\frac{1}{3}$임을 증명하였고, 구의 부피는 반지름의 세제곱에 비례함을 보이며 자신이 확립한 실진법을 광범위하게 사용하였다.

기원전 3세기 그리스가 마케도니아에 의해 정복된 후 알렉산더 대왕에 의해 이집트에 알렉산드리아가 창건되면서 알렉산드리아는 새로운 문학, 철학 과학, 예술의 중심지가 된다. 이 시기 유클리드는 에라토스테네스, 아르키메데스와 동시대의 인물로 피타고라스, 에우독소스 등 선대의 뛰어난 수학자들이 연구한 자료를 정리한 수학의 교과서 『원론』을 저술한다.

이 무렵 고대의 위대한 두 수학자 아르키메데스와 아폴로니우스가 활약하였다.

유클리드의 제자인 아폴로니우스는 아르키메데스보다 약 40년 후에 활약하였고 원추곡선의 성질에 관하여 연구하였다. 아폴로니우스는 당시 알렉산드리아의 수학을 집대성하며 그리스 기하학은 정점에 도달한다.

고대 그리스 이후 유럽을 지배한 로마제국은 수학사에 별다른 영향을 미치지 못하였고 쇠퇴기에 접어든다.

1) 3대 작도[1] 불능 문제

(1) 주어진 정육면체의 2배의 부피를 갖는 정육면체의 한 모서리의 길이를 작도하라.

〈델리안 문제(Doubling the cube, The Delian Problem)〉

델로스(Delos)섬 사람들에 관한 이야기에서 이름이 유래했다. 기원전 430년경에 그리스의 델로스섬에 전염병이 돌아 수많은 사람이 죽었다. 델로스 사람들은 평소 숭배하던 아폴로 신의 노여움 때문이라고 생각하고 신탁으로 유명한 고대 그리스의 도시국가 델포이(Delphi)의 오라클[2]과 상의하여 아폴로가 보낸 전염병을 물리치길 원했다.

신탁을 받은 오라클에게서 아폴론 제단의 부피를 두 배로 늘린 정육면체로 만들어야 한다는 대답을 들었다. 델로스섬 사람들은 즉시 기

---

1 눈금 없는 자와 컴퍼스만을 이용.

2 고대 그리스에서 신들의 대답(신탁, 神託)을 전하는 사제.

존 제단 옆에 같은 크기의 제단을 만들었다. 하지만 전염병은 그치질 않았다. 부피는 두 배가 되었지만 제단은 정육면체가 아니었다. 이를 깨달은 델로스섬 사람들은 다시 제단의 한 모서리 길이의 두 배가 되는 제단을 만들었다. 그렇지만 이번에도 전염병은 사라지지 않았다. 제단은 정육면체로 되었지만, 부피는 여덟 배가 된 것이다. 이를 깨달은 델로스섬 사람들은 자신들이 해결하기 어려운 문제임을 알고 이를 해결하기 위해 플라톤과 상의했다.

오라클이자 『영웅전』의 저자로 유명한 플루타르크(Plutarch, 46~119)에 따르면, 플라톤(Plato)은 순수한 기하학을 이용하지 않고 기술적인 방법으로 문제를 해결하려는 자기의 제자와 친구인 에우독소스(Eudoxus), 아르키타스(Archytas), 메나이크모스(Menaechmus)를 크게 책망하였다고 전해진다.

아폴론 신은 예언을 관장하고 있어 델포이의 아폴론 신전은 올림피아의 제우스 신전과 함께 신탁으로 유명하고 그리스 종교중심지가 되었다. 델포이의 아폴론 신전은 아폴론 신의 여사제이자 예언자인 피티아가 신탁의 결과를 말하면 오라클이 이를 받아적고 해석하여 의뢰한 사람에게 전달하였는데 피티아의 예언은 아주 난해하고 애매하여 델픽(delphic)이라는 단어가 여기서 유래하였다고 한다.

한 모서리의 길이가 a인 정육면체의 부피는 a^3이다. 부피가 2배가 되기 위해서는 $2a^3$이 되어야 한다.

한 모서리의 길이를 x라고 하면 $x^3 = 2a^3$ 즉, $x = \sqrt[3]{2}\, a$가 되어야 한다.

그리스인들은 눈금 없는 자와 컴퍼스만 사용하여 정육면체 부피의 두 배가 되는 정육면체를 작도하기 위해 노력하였으나 결국 실패하였다.

자와 컴퍼스만 이용한 것은 아니지만 메나이크모스(Menaikhmos)가 원뿔곡선인 포물선과 쌍곡선의 교점을 이용한 것과 두 개의 포물선의 교점을 이용한 두 개의 해답을 찾아내자 기원전 340년까지 계속된 전염병은 그제야 멈췄다고 한다.

(2) 주어진 각의 3등분각을 작도하라(Trisecting an angle)

눈금 없는 자와 컴퍼스를 이용하여 3등분 각을 작도 가능한 각도 있지만 작도가 되지 않는 각도 있다. 그동안 번거로운 정도로 많은 수학자가 문제를 해결했다고 주장하였다.

19세기 프랑스 수학자 피에르 방첼(Pierre Wantze, 1814~1848)은 컴퍼스와 눈금 없는 자만으로 작도가 불가능하다는 것을 증명하였다.

(3) 주어진 원과 넓이가 같은 정사각형을 작도하라(Squaring the circle)

반지름이 r인 원의 넓이는 πr^2인데 정사각형과 넓이가 같기 위해서는 정사각형이 한 변의 길이가 $\sqrt{\pi} r$이 되어야 한다.

이 문제는 19세기 수학자 린데만에 의해 π가 초월수[3]라는 사실이 증명되면서 논란이 종료되었다.

2) 원뿔곡선

기원전 4세기경부터 그리스에서는 원 이외에도 여러 가지 곡선에 관한 연구가 있었다.

원, 타원, 포물선, 쌍곡선은 흔히 원뿔곡선이라고 불리 우는데 이는 원뿔을 평면으로 잘랐을 때의 단면으로 나타나기 때문이다.

플라톤의 친구였던 유독소스의 제자 메나이크모스(Menaikhmos, BC 375~325)는 처음으로 원뿔곡선을 엄밀하게 정의하였다.

그 후, 아폴로니우스(Apollonius, BC 260~200?)는 『원추곡선론(Conic Sections)』에서 [그림 10−1]과 같이 원뿔에서 기울기가 다른 평면으로

---

3 대수적이지 않은 수로 유리 계수인 다항 방정식의 해가 될 수 없는 수를 의미한다. 원주율 π, 자연 상수 e 등이 있다.

자른 단면에 따라 원, 타원, 포물선, 쌍곡선이 만들어진다는 것을 밝혔으며 포물선(parabola), 타원(ellipse), 쌍곡선(hyperbola)의 영어단어는 그리스어에서 유래되었으며, 원뿔곡선에서 단면과 밑면이 이루는 각을 원뿔의 모서리와 밑면이 이루는 각을 비교하여 평행(parallel)할 때 parabola, 부족(absence)할 때 ellipse, 초과(exaggeration)할 때 hyperbola 가 생긴다고 하여 이름이 붙여졌으며 피타고라스 학파가 사용한 용어에서 따와 아폴로니우스가 처음 사용하였다.

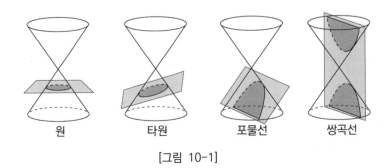

| 원 | 타원 | 포물선 | 쌍곡선 |

[그림 10-1]

또, 포물선은 직선과 직선 밖의 한 점에서 거리가 같은 점의 자취이고, 타원은 주어진 두 점(초점)으로부터의 거리의 합이 일정한 점들의 자취이고, 쌍곡선은 주어진 두 점으로부터의 거리의 차가 일정한 점들의 자취라는 것을 발견하는 등 원뿔곡선에 관하여 많은 연구를 하였다. 이 당시엔 식을 쓰지 않고 합동이나 닮음을 이용하여 주로 연구하였는데 이러한 방법을 논증 기하라고 한다.

그러나 고대의 메나이크모스, 아폴로니우스가 연구하였던 원뿔곡선은 17세기에 이르기까지 2000년 동안 별다르게 실생활에의 응용도 없었고 그다지 관심을 끌지 못하였다. 그러다가 17세기 데카르트에 의하여 좌표평면이 도입되면서 도형의 성질을 좌표평면에서 효과적으로 연구할 수 있게 되어 이차곡선에 대한 새로운 성질들이 밝혀지면서 실생활 등 여러 방면으로 이용하게 되었다.

(1) 포물선(parabola)

포물선의 반사 원리에 대하여 살펴보자.

포물선 $y^2 = 4px \, (p > 0)$ 위의 임의의 점 $P(x_1, y_1)$, 초점 $F(p, 0)$ 이라 하고 직선 PX는 x축에 평행한 직선이라고 하자.

점 P에서 그은 포물선의 접선이 직선 TQ라고 할 때 $\angle TPF = \angle QPX$임을 보여보자.

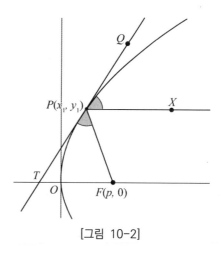

[그림 10-2]

즉, 점 F에서 빛이 나간다고 가정하면 입사각과 반사각이 같다는 것을 보여보자.

점 $P(x_1, y_1)$에서의 접선의 방정식은 $y_1 y = 2p(x + x_1)$이므로 x축과 만나는 점 T의 좌표는 $(-x_1, 0)$이다.

$$\overline{TF} = |x_1 + p|$$
$$\overline{PF} = \sqrt{(x_1 - p)^2 + y_1^2}$$

점 P는 포물선 위의 점이므로
$$y_1^2 = 4px_1$$

따라서,
$$\overline{PF} = \sqrt{(x_1 - p)^2 + 4px_1}$$
$$= \sqrt{(x_1 + p)^2}$$
$$= |x_1 + p|$$

$\overline{TF} = \overline{PF}$ 이므로 △FPT는 이등변 삼각형이다.

즉, ∠TPF = ∠QPX

초점을 기준으로 포물선의 반사각은 입사각과 같음을 알 수 있고, 반사각에 의해 나가는 직선은 x축과 평행한 것을 알 수 있다.

즉, 포물선의 초점 F에 광원을 두면, F에서 나오는 광선은 포물선에서 반사되어 축에 평행하게 나아간다는 성질로부터 평행광선을 만들어낼 수 있다.

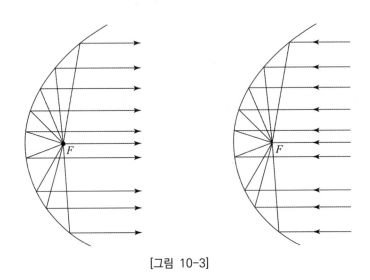

[그림 10-3]

이러한 성질은 자동차의 헤드라이트, 손전등을 만드는 데 이용된다. 자동차의 헤드라이트나 손전등의 불빛은 옆으로 분산되지 않고 곧장 앞으로 뻗어 나가 멀리까지 환히 비출 수 있다.

거꾸로, 축에 평행하게 오는 전파는 포물선에서 반사되어 모두 초점 F를 통과하게 된다는 성질을 이용하여 전파를 초점으로 모을 수 있다.

우리 주변의 아파트 단지에 가보면 움푹 파인 접시 모양의 안테나를 찾아볼 수 있는데, 이것이 포물선의 원리를 이용한 위성방송 수신용 안테나로 파라볼라 안테나이다.

따라서 파라볼라 안테나는 움푹 파인 둥그런 외형을 포물면 모양으로 만들고 그 초점 위치에 수신기를 설치한 것이다. 전파를 초점으로 수신하여 생생한 화질과 음질의 방송을 즐길 수 있게 된다.

파라볼라 안테나

(2) 타원(ellipse)

케플러(J. Kepler, 1571~1630)는 코페루니쿠스(Nicolaus Copernicus, 1546~1601)의 지동설 주장이 옳다는 믿음을 갖고 10여 년 동안 스승인 브라헤가 남겨놓은 화성의 관측자료를 계산하였다. 케플러 이전에는 행성이 원 궤도로 태양을 회전한다고 믿고 있었으나 태양계의 행성들이 태양을 한 초점으로 하는 타원 궤도를 따라 움직인다는 걸 처음으로 밝혀냈다. 케플러는 케플러의 법칙을 완성하였고 후에 뉴턴(I. newton, 1642~1727)이 만유인력 법칙을 발견하는데 핵심적인 이론을 제공해주었다.

태양계의 행성 외에도 타원 궤도를 따라 움직이는 혜성이 있다고 한다. 대표적인 것으로 1705년 핼리(Halley Edmund, 1656~1742)는 처음으로 24개의 혜성 궤도를 계산하였다. 그중 1531년, 1607년, 1682년에 나타난 혜성의 궤도는 일치하고 주기도 거의 76년으로 같으므로 같은 혜성으로 확신하고 1758년 지구에서 이 혜성의 움직임을 포착할 수 있을 것으로 예측했다. 핼리는 자신의 예측이 옳은지 확인하지 못하고 1742년 사망했지만 핼리의 예측대로 1758년 이 혜성은 지구에 나타났고, 2062년 지구에 다시 나타날 것으로 예측한다. 이 혜성을 핼리의 공로를 기념하여 핼리혜성이라고 부르게 되었다.

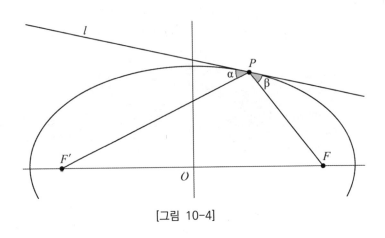

[그림 10-4]

타원에서도 입사각과 반사각이 같음을 확인해보자.

타원의 방정식 $\dfrac{x^2}{a^2}+\dfrac{y^2}{b^2}=1$ 위의 점 $P(x_1, y_1)$에서의 접선의 방정식은 $\dfrac{x_1 x}{a^2}+\dfrac{y_1 y}{b^2}=1$

이 접선과 x축과의 교점 $Q(\dfrac{a^2}{x_1}, 0)$

타원의 두 초점을 $F(k, 0)$, $F'(-k, 0)$이라고 하면

$$\overline{FQ} = \left| \dfrac{a^2}{x_1} - k \right| = \left| \dfrac{a^2 - kx_1}{x_1} \right|$$

$$\overline{F'Q} = \left| \dfrac{a^2}{x_1} + k \right| = \left| \dfrac{a^2 + kx_1}{x_1} \right|$$

한편,

$$\overline{PF}^2 = (x_1 - k)^2 + y_1^2$$

$$= (x_1 - k)^2 + b^2 \left(1 - \dfrac{x_1^2}{a^2} \right)$$

$$= \dfrac{a^2 - b^2}{a^2} x_1^2 - 2kx_1 + k^2 + b^2$$

$a^2 - b^2 = k^2$이므로

$$= \dfrac{k^2}{a^2} x_1^2 - 2kx_1 + a^2$$

$$= \left(\dfrac{a^2 - kx_1}{a} \right)^2$$

따라서,

$$\overline{PF} = \left| \dfrac{a^2 - kx_1}{a} \right|$$

같은 방법으로

$$\overline{PF'} = \left| \dfrac{a^2 + kx_1}{a} \right|$$

$$\overline{FQ} : \overline{F'Q} = \overline{PF} : \overline{PF'}$$

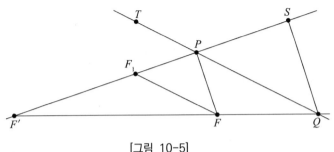

[그림 10-5]

$\overline{PF} = \overline{PF_1}$을 만족하는 점 F_1을 잡자.

$\triangle PF_1F$는 이등변 삼각형이므로 $\angle PF_1F = \angle PFF_1$

$\overline{FQ} : \overline{F'Q} = \overline{PF} : \overline{PF'}$이므로

$\overline{FQ} : \overline{F'Q} = \overline{F_1P} : \overline{F'P}$

따라서,

$\overline{F_1F}$과 $\overline{PQ}$는 평행

$\angle F_1FP = \angle FPQ$ (엇각)

$\angle PF_1F = \angle SPQ$ (동위각)

$\angle FPQ = \angle SPQ$

$\therefore \angle FPQ = \angle TPF'$

그러므로 타원에서 입사각과 반사각은 같다.

[그림 10-6]에서 안쪽이 거울로 되어 있는 타원의 한 초점 F에 광원을 두면, F에서 나오는 광선은 타원에서 반사되어 또 하나의 초점인 F'에 도달한다.

이것은 17세기에 증명되었는데 치과병원에서 환자를 치료할 때 환자의 입속이 잘 보이게 타원 반사경을 이용한다.

열도 빛과 같은 법칙으로 반사하므로, 위의 경우 한 초점 F에 열

원을 놓으면 또 다른 초점 F' 으로
열이 모이게 된다. 이러한 원리를 이
용하여 직화가 아닌 방법으로 음식
을 조리할 수 있다.

소리도 빛과 열과 같은 반사법칙
을 따른다.

미국 국회의사당의 내셔널 스태

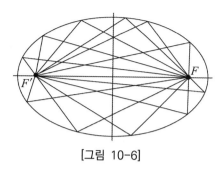

[그림 10-6]

츄어리 홀(Nation Statuary Hall), 영국 런던의 세인트 폴 대성당의 속삭
이는 화랑은 타원의 성질을 이용하여 설계된 건물로 한 초점의 위치에
서 두 초점 사이에 위치한 사람이 듣지 못할 작은 소리로 말하여도 다
른 초점에 위치한 사람이 들을 수 있다.

이런 건축물에서는 한 초점 밑에서 소곤거리면 다른 초점 밑에서도
그 소곤거림이 선명하게 들리게 된다.

이런 타원의 광학적 성질은 의료 기기에서도 이용되는데 몸속의 신
장결석이나 담석이 있을 경우 체외 충격파 쇄석기를 이용하여 결석을
분쇄할 수 있다. 타원의 한 초점에 결석을 맞추고 다른 초점에 충격파
를 쏘면 반사경에 반사된 충격파가 결석이 있는 초점에 모여 결석을
분쇄하고 다른 신체 조직 부위에는 손상을 주지 않는다.

(3) 쌍곡선(hyperbola)

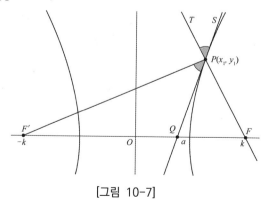

[그림 10-7]

직선 SQ가 쌍곡선 위의 점 P에서의 접선일 때 입사각과 반사각이 같음을 보여보자.

쌍곡선 $\dfrac{x^2}{a^2} - \dfrac{y^2}{b^2} = 1$ 위의 점 $P(x_1, y_1)$에서의 접선의 방정식은

$$\frac{x_1 x}{a^2} - \frac{y_1 y}{b^2} = 1$$

이 접선이 x축과의 교점은 $Q(\dfrac{a^2}{x_1}, 0)$이다.

쌍곡선의 두 초점 $F(k, 0)$, $F'(-k, 0)$이라고 하면

$$\overline{FQ} = \left| k - \frac{a^2}{x_1} \right| = \left| \frac{kx_1 - a^2}{x_1} \right|$$

$$\overline{F'Q} = \left| k + \frac{a^2}{x_1} \right| = \left| \frac{kx_1 + a^2}{x_1} \right|$$

한편,

$$\begin{aligned}
\overline{PF}^2 &= (x_1 - k)^2 + y_1^2 \\
&= (x_1 - k)^2 + b^2 \left(\frac{x_1^2}{a^2} - 1 \right) \\
&= \frac{a^2 + b^2}{a^2} x_1^2 - 2kx_1 + k^2 - b^2
\end{aligned}$$

$a^2 + b^2 = k^2$이므로

$$\begin{aligned}
&= \frac{k^2}{a^2} x_1^2 - 2kx_1 + a^2 \\
&= \left(\frac{a^2 - kx_1}{a} \right)^2
\end{aligned}$$

따라서,

$$\overline{PF} = \left| \frac{kx_1 - a^2}{a} \right|$$

같은 방법으로

$$\overline{PF'} = \left| \frac{a^2 + kx_1}{a} \right|$$

$$\overline{FQ} : \overline{F'Q} = \overline{PF} : \overline{PF'}$$

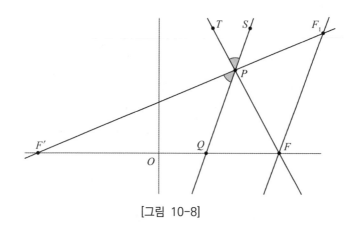

[그림 10-8]

[그림 $10-8$]과 같이 점 F에서 $\overline{PQ}$와 평행하면서 직선 $F'P$와의 교점을 F_1이라고 하자.

$\overline{PQ}$와 $\overline{F_1F}$이 평행하므로

$$\overline{FQ} : \overline{F'Q} = \overline{PF} : \overline{PF'}\text{에서}$$

$$\overline{FQ} : \overline{F'Q} = \overline{PF_1} : \overline{PF'}$$

따라서,

$$\overline{PF} = \overline{PF_1}$$

$\triangle PF_1F$는 이등변 삼각형이 되어

$\angle PF_1F = \angle PFF_1$

$\angle F_1FP = \angle FPQ$ (엇각)

$\angle PF_1F = \angle F'PQ$ (동위각)

$\angle FPQ = \angle F'PQ$

$\therefore \angle F'PQ = \angle TPS$

그러므로 쌍곡선에서 입사각과 반사각의 크기는 같다.

중단파를 이용하여 배나 항공기의 위치를 알아내는 장거리 무선 항법인 Loran(Long Range Nevigation)은 이차세계대전 중에 개발된 것으로 두 점으로부터의 거리 차가 일정하다는 쌍곡선의 원리를 이용한 것으로 쌍곡선 항법이라고도 한다. 쌍곡선 항법장치는 2개 이상의 로란 기지국에서 발사되는 전파를 수신기로 수신하여 그 전파의 도래 시간을 측정하고, 로란 지도상에 위치 선을 결정하고 교점을 구하여 현재의 위치를 결정하는 항법장치로 장거리 항법에 많이 사용된다. Loran은 전파를 이용하므로 시간, 날씨의 영향을 받지 않고 이용범위도 1,200마일 정도로 매우 넓다. Loran 시스템은 선박이나 항공기 산업 분야의 항법 유도 시스템으로 인기가 있었지만, 최근엔 소형기에서는 *GPS*, 여객기는 관성 항법장치(INS, IRS)가 많이 사용된다. 최근엔 사용하는 나라가 줄어들고 있고 오차가 $50m \sim 400m$ 정도로 정밀 항법에는 부적합하다.

쌍곡선은 위성방송을 송신할 때도 사용되는데 1992년 8월 우리나라 최초로 발사된 인공위성 우리별 1호를 시작으로 우리나라는 18개의 인공위성을 쏘아 올렸다. 무궁화 3호, 무궁화 5호, 한별, 천리안, 올레 1호, 아리랑 3호, 아리랑 3A호, 아리랑 5호, 과학기술위성 3호는 지구의 대기권 밖에서 궤도를 돌며 지금도 임무를 수행하고 있는 인공위성이다. 이런 인공위성 덕분에 우린 자동차 내비게이션, 스마트폰 등

일상생활에서 많은 혜택을 누리고 있다.

위성방송에서 가정용 수신 안테나로 사용하는 포물선의 원리를 이용한 파라볼라 안테나와는 달리 송신안테나는 전파의 손실 없이 한 쪽 방향으로만 전파를 보내기 위해 타원면과 쌍곡선면으로 만들어진다. 송신안테나의 1차 방사기에서 발사된 전파가 부반사기(타원면 또는 쌍곡선면)에 반사되고 다시 주반사기(포물선면)에 반사되어 평행하게 나아간다.

2022년 6월 21일 우리나라 기술로 발사에 성공한 인공위성 누리호(KSLV-Ⅱ, Korea Space Launch Vehicle-Ⅱ)는 성공적으로 궤도에 안착했다. 대한민국 최초의 저궤도 실용 위성 발사용 로켓이다. 누리호의 발사로 한국은 세계 11번째의 자력 우주로켓 발사국이 되었으며, 1톤 이상의 실용 위성을 궤도에 안착시킬 수 있는 7개국 반열에 올랐다.

앞으로의 우주산업에서 수학은 그동안 중요한 역할을 해 왔지만 또 어떤 새로운 수학의 장이 펼쳐질지 기대된다.

11

암호학과 앨런 튜링

암호학과 앨런 튜링

암호는 소수의 사람이 다루고 일반인들은 접할 일이 없다고 생각할지 모르지만, 우리의 일상생활에 너무나 깊이 파고들어 없어서는 안될 존재가 되어버렸다.

인터넷의 각종 포털사이트에 로그인할 때 패스워드를 입력해야 한다. 거의 날마다 사용하고 있는 수많은 카드, 스마트폰에도 암호장치가 설정되어있다. 집에 들어갈 때도 현관에 비밀번호를 입력하고 들어간다. 이러한 암호체계가 무너진다면 상상할 수 없는 대혼란이 올 것이다.

암호는 다른 사람이 알 수 없도록 글자, 숫자, 부호, 표식 등으로 변형시킨 것을 총망라하여 지칭한다. 인류 최초의 암호는 기원전 19세기 무렵 고대 이집트 비석에 그려진 '히에로글리프'로 알려져 있다. 신성문자(神聖文字, Hieroglyph)라고도 하는데 돌이나 나무에 새긴 문자이다. 주로 왕의 업적, 신(神), 사후 세계에 관한 것으로 추정된다.

전쟁에서도 암호가 사용되는데 최초로 전쟁에 암호를 사용한 국가는 그리스의 스파르타이다. 암호 해독자는 같은 두께의 원통형 나무막대를 갖고 다니며 전달된 암호를 원통형 나무막대에 암호가 적힌 양피지를 감아 읽는 형태인데 같은 두께의 나무막대에 감았을 때 그 내용을 알아볼 수 있고 나무막대의 두께가 다르거나 양피지를 펼쳤을 때는 그 내용을 알기가 어렵다고 한다.

로마의 황제였던 시저도 암호를 사용한 것으로 유명한데 알파벳을 함수화시킨 것이다.

고대 그리스 시대부터 많은 군주와 교황들이 암호를 담당하는 부서를 두고 있었다.

이러한 암호는 조금씩 변형되면서 발전하다가 20세기 들어서면서 암호에 수학이 사용되고 무선통신의 발명으로 전파는 다른 새로운 상황이 되었다. 전쟁에서 전파를 이용하는 적군의 암호문을 얼마든지 수신할 수 있게 되었다. 수신된 많은 양의 암호문을 바로 해독하는 것이 필요해졌고, 1차 세계대전과 2차 세계대전에서 각국은 앞다퉈 참모본부 안에 암호해독 부서를 설치하게 되었다.

특히 2차 세계대전을 겪으면서 암호학이 급격하게 발전한다. 2차 세계대전 초에 독일은 암호의 중요성을 인식하지 않고 예전 수준을 유지하였는데 독일 암호표가 유출된 것을 모르고 전투를 하다가 작전이 노출되어 막대한 전력 손실을 입게 된다. 이때부터 독일은 암호체계를 정비하기 시작했다. 세르비우스(Arthur Scherbius)가 발명한 에니그마(Enigma)라는 기계를 도입하여 높은 수준의 보안 기능을 추가하였다.

에니그마의 원리는 한 개의 회전판이 26개의 알파벳을 일대일대응 방식으로 암호를 만드는 데 여러 개의 회전판이 서로 다른 일대일대응을 하고 있어 암호를 해독하기 위해서는 경우의 수가 회전자 개수의 제곱으로 늘어나게 되어 많은 시간과 해독에 어려움을 겪는다.

더군다나 24시간마다 암호 체제를 바꾼다. 당시 암호해독 기술로는 해독이 불가능한 수준이었다. 이러한 에니그마를 해독하는 과정을 영화로 제작되었는데 「이미테이션 게임(Imitation game)」이다. 암호를 해독하여 이차세계대전을 연합군의 승리로 이끄는 데 결정적인 역할을 한 천재 수학자 앨런 튜링의 삶을 나타낸 영화이다.

독일과 국경을 접하고 있는 폴란드는 약한 군사력을 보완하기 위해 암호학에 많은 관심을 기울였고 1차 세계대전과 2차 세계대전 초만 해도 독일의 암호를 어려움 없이 해독하였다. 2차 세계대전에서 독일이 에니그마의 보안 수준을 높이면서 암호해독이 어려워졌다. 더군다나 독일은 에니그마의 회전판의 수를 늘리고 보안 수준을 계속해서 업그레이드시켰다. 폴란드는 팀을 꾸려 암호해독을 위한 암호해독기 봄비(Bomby)를 개발한다. 하지만 개발에 드는 비용과 기술에 한계를 느껴 결국 프랑스와 영국과 자료를 공유하면서 도움을 요청한다. 영국은 10년 이상 앞선 폴란드의 암호해독 기술에 충격을 받고 비밀리에 옥스퍼드와 케임브리지 사이 위치한 블레츨리 파크의 한 시골에 암호해독을 위한 연구소를 설립한다. 뛰어난 수학자와 정보요원, 공학자들을 중심으로 연구진을 꾸린다. 이 가운데에는 앨런 튜링(Alan Turing, 1912~1954)이 포함되어 있었다.

마침내 새로 설립된 연구진은 폴란드에서 만든 봄비(Bomby)의 이름을 따서 봄브(Bombe)라는 암호해독기를 개발하고 독일 공군의 암호를 해독하기 시작하였다. 연구진은 독일에서 최고 높은 수준의 보안을 적용하고 있던 독일 해군의 암호도 해독이 가능해졌다. 에니그마와 관련된 기밀문서를 습득하고, 독일군이 사용하는 에니그마를 탈취하고 암호 코드북을 얻게 되면서 얻은 결과이다. 암호가 해독되면서 연합군은 쉽게 각종 전투에서 쉽게 승리로 이끌었다. 독일이 자신들의 암호가 해독되었다는 걸 모르게 하기 위해 적당한 수준의 승리를 유지해야 했다.

독일은 에니그마에 대한 확신이 너무 커서 암호가 해독되고 있다는 사실을 전혀 모르고 있었다. 영국은 암호해독이 가능해지면서 모든 전투에서 우위를 점할 수 있었지만 엄청난 수의 봄브를 만드는 비용을 감당할 수 없게 되어 미국에 도움을 요청하게 된다. 독일은 1941년 히틀러와 최고 사령부 간의 무선통신을 위하여 에니그마보다 성능이 더 우수한 암호 기계 로렌츠 사이퍼를 개발하였다.

영국의 연구진은 미국의 협조로 로렌츠 사이퍼를 해독하기 위해 1943년 컴퓨터 콜로서스(Colossus computer)를 개발하게 된다. 콜로서스는 처음으로 전기를 사용하였고 계산기 수준을 넘어 최초로 프로그래밍이 가능한 전자 디지털 컴퓨터였다.

콜로서스가 개발되면서 독일의 무선통신 내용을 해독하여 수많은 고급 군사정보를 얻을 수 있었다. 1944년 노르망디 상륙작전 전에 독일군의 병력이동, 지휘관, 물자공급, 작전에 대한 사진정보까지 확보한 후 노르망디 상륙작전을 감행하여 연합군의 일방적인 승리로 이끌었다.

2차 세계대전의 향방을 가르게 된 독일 해군과 영국 해군, 미국 해군 연합군의 전투인 대서양전투(1939~1943)에서 에니그마를 해독하면서 독일 U-보트의 위치를 파악하여 궤멸시키는데 암호해독이 결정적인 역할을 했고 독일 해군을 무력화시켰다.

또, 일본은 야마모토 장군의 비행 일정을 낮은 보안 수준의 암호로 본국에 타전하여 미국이 필리핀 상공에서 야마모토 장군이 탄 비행기를 격추하도록 하였다. 처음 미국에선 작전상 암호를 유출한 허위 정보일 것으로 판단하였으나 격추된 후 암호 내용이 사실로 밝혀지면서 알력으로 인해 야마모토 장군을 살해할 의도로 암호를 이용한 것으로 판단하였다.

2차 세계대전 중 북아프리카 전선에서 사막의 여우라 불리는 독일의 영웅 롬멜 장군에게 밀리던 상황에서 1942년 아프리카 북부 엘 알라메인에서 독일군의 전차부대와 연합군의 전차부대와의 전투가 벌어지는데 2차 세계대전 중 최대의 전차부대가 맞붙은 전투로 아프리카 전선의 향방을 판가름 지을 중요한 전투였다.

엘 알라메인 전투 중 연합군은 롬멜이 이끄는 전차부대가 심각한 보급 문제에 처해있다는 암호를 해독하여 어려움에 처한 롬멜 장군을 돕기 위해 지중해를 건너오던 이탈리아와 독일군을 미리 차단하는 데 큰 역할을 한다. 전투에서 연합군은 막대한 지원에 힘입어 영국의 몽고메리 장군이 롬멜의 전차부대에 승리한다. 히틀러는 국민의 영웅 롬멜이 더 이상 패전하지 않도록 본국으로 불러들였고, 이후 아프리카 전선은 미국의 장군으로 싸움닭이라고 불리는 악바리 조지 S. 패튼 장군이 아프리카 전선에 투입되면서 패튼의 전차부대가 맹활약하여 독일군은 사실상 북아프리카 전선에서 전투 능력을 상실하게 만든다.

1942년 알 알라메인 전투를 비롯하여 태평양에서의 미드웨이 해전, 스탈린그라드 전투에서의 승리는 2차 세계대전에서 연합군이 우위를 점하게 되는 중요한 전투였다.

2차 세계대전에서 지상전의 핵심이었던 전차부대의 두 영웅 패튼과 롬멜은 아쉽게도 마주치지는 못하였다. 전쟁 후 패튼은 롬멜과 대결하지 못한 것을 아쉬워했다. 패튼의 영향력이 얼마나 컸는지 독일은 노르망디 상륙작전에 대한 첩보를 입수하였지만 영국에서 패튼의 부대가 움직이지 않고 있으니 노르망디 상륙작전은 속임수라고 독일이 결론 내렸을 정도였다.

에니그마의 해독은 2차 세계대전을 승리로 이끄는 데 결정적인 역할을 하였을 뿐만 아니라 전쟁을 최소 3년 이상 빠르게 종결시켰고 1,400만 명의 목숨을 구했다는 평가를 받는다.

블레츨리 파크의 정부 암호 연구소는 1970년대 중반까지 국가기밀로 공개되지 않았다. 2차 세계대전이 끝난 후 앨런 튜링을 비롯한 연구진은 모든 활동이 비밀리에 부쳐졌기 때문에 연합군을 승리로 이끈 주역임에도 그 공로와 업적을 인정받지 못했다. 또, 이로 인해 콜로서스 컴퓨터 존재가 알려지지 않아 한때 애니악(Eniac)이 세계 최초의 컴퓨터로 알려졌으나 콜로서스의 존재가 밝혀지면서 콜로서스가 세계 최초의 컴퓨터로 인정받게 된다.

1) 비운의 천재 수학자 앨런 튜링

전산학의 아버지로 불리는 앨런 튜링(Alan Mathison Turing, 1912~1954)은 영국의 수학자, 암호학자, 컴퓨터 과학자로 케임브리지대학을 졸업하고 케임브리지대학교 교수로 재직하였다.

영국 런던에서 태어났으며 중고등학교 시절엔 미적분학을 독학하며 어려운 문제만 붙들고 있는 앨런 튜링을 좋지 않게 평가한 선생님이 많았다. 16세에 크리스토퍼 모컴이라는 친구를 만났는데 모컴은 지식이 풍부하고 수학 문제 푸는 것을 좋아하여 둘은 단짝이 되었으나 모컴이 1930년 소결핵균으로 사망하게 되자 모컴의 뇌에 있던 지능과 지식을 다른 사람에게 전달할 수 있으면 좋겠다는 생각을 갖게 되었고 그 방법을 고민하다가 계산이론을 창안하게 된다. 영화 앨런 튜링을 소재로 한 영화의 제목이 'Imitation game'인 이유도 'Imitation'은 모조, 짝퉁이란 뜻을 갖는 데 인간 뇌의 유사품, 모조품을 만들고자 했던 생각 때문이다. 인공지능(Artificial Intelligence, AI)이란 발상을 처음으로 한 것이다. 앨런은 모컴이 죽은 후 다른 친구들은 너무나 평범해서 사귀기 어려웠다고 한다.

앨런 튜링은 케임브리지대학교 재학 중인 1936년 「On Computable Number, With Application to the Entscheidungsproblem」이란 논문을 발표하였는데 튜링 머신 이론과 노이만형 컴퓨터의 이론적 토대를 제시한 것으로 유명하다. 튜링 머신은 컴퓨터의 실현 가능성에 대한 것으로 앨런 튜링은 실현에 실패하였지만 얼마 후 폰 노이만에 의해 실현되어 지금의 컴퓨터가 되었다.

앨런 튜링은 미국 프린스턴대학교에서 박사학위를 받고 이때 존 폰 노이만과 친분을 다졌다.

앨런 튜링은 동성애자로 영국에서는 동성애가 불법이었다. 미국에서는 불법이 아니었기에 폰 노이만은 미국에 남기를 권유하지만 앨런 튜링은 영국이 위험에 처한 것을 알고 귀국한다. 귀국 후 튜링은 1939년 영국의 블레츨리 파크에 위치한 국가암호해독기관 GCCS(Government Code & Cypher School)에 참여하여 독일의 악명높은 군단급 암호기인 에니그마를 해독하기 위한 프로젝트인 코드명 '울트라'를 진행하면서 봄브(Bombe)를 개발하였고, 에니그마보다 더 성능이 우수한 로렌츠 암호 전신기를 해독하기 위해 이 연구기관에서 세계 최초의 디지털 연산 컴퓨터인 콜로서스를 만든다.

1950년엔 논문 「계산 기계와 지능(Computing machinery and intelligence)」을 발표하였는데 인공지능이란 개념을 처음 생각하고 광범위한 사용을 예측하였다. 논문 속에서 튜링 테스트라는 인공지능 실험을 제안하였는데 튜링 테스트는 이미테이션 게임이라고도 불리는데 기계가 인간과 대화를 통하여 기계의 지능이 있는지를 판별하는 시험으로 질의한 내용에 대하여 인간과 기계가 응답을 키보드로 하여 어느쪽이 기계인지 인간인지 구분이 안 되면 통과하는 테스트이다.

이러한 개념은 현대 심리철학의 기능주의에 영향을 주기도 하였다.

전쟁 후 동성애자인 앨런 튜링은 한 남자와 사귀게 되었는데 그 남자 일행에게 도둑을 맞게 되어 사귀던 남자를 경찰에 신고하였다. 이 일로 동성애자인 것이 밝혀지게 되면서 범죄자가 된다. 그동안의 공로는 밝혀지지 않은 채 범죄자로 취급받게 되면서 최고의 전산학자인 튜링이 정보와 관련 있을 것으로 추측하여 소련의 스파이라는 누명까지 쓰게 된다. 앨런 튜링은 동성애 관련 혐의로 재판을 받았고, 법원에서 그동안의 공로를 어느 정도 인정하여 수감형 또는 화학적 거세형으로 여성 호르몬인 에스트로겐을 주입 받는 것 중 선택할 것을 명령받았다. 앨런 튜링은 연구를 계속하기 위해 수감형이 아닌 화학적 거세형을 선택하였으나 자기의 신체가 여성화되어 가는 모습을 보면서 결국 1954년 41세 나이로 자살한다. 앨런 튜링의 사인에 대하여 여러 가지 설이 있는데, 앨런 튜링이 청산가리가 주입된 사과를 먹고 자살한 것으로 알려져 있으나 명확하게 확인된 것은 아니다.

앨런 튜링이 평소 사과를 반쯤만 먹고 놔두는 습관과 청산가리가 주입된 사과를 한 입만 베어먹고 자살한 것에서 애플사의 로고가 앨런 튜링의 청산가리 사과에서 로고 모양을 만들었다는 말이 있었으나 회사는 공식적으로 이를 부인하였다.

다른 설로는 앨런 튜링의 유서는 없었고 그의 책상에서 자신이 해야 할 일을 메모해 놓은 쪽지가 발견되었다. 사망 4일 전에는 차(tea) 파티를 열었고 사망 직전까지 평소와 다른 점이 없었다는 주변 동료들의 진술에도 급하게 자살로 사건을 종결시킨 걸로 보아 해외로 망명할 걸 두려워한 영국 정보부의 암살이라는 음모론도 제기된다.

1974년 블레츨리 파크의 암호해독기관에 군 정보요원으로 동참했던 프레드릭 윌리엄 윈터보섬이 『울트라의 비밀(The Ultra Secret)』이란 책을 출간하면서 일반 대중에게 앨런 튜링의 존재를 알리게 된다. 스티브 호킹을 비롯한 많은 사람이 앨런 튜링의 복권과 명예를 회복하기 위해 노력하여 2012년 2월 발행되는 우표에 담을 위대한 영국인 10명에 앨런 튜링이 포함되었으며 2013년 12월 23일에는 영국 여왕의 특별 사면령으로 공식적으로 복권되었다. 영국은 EU에서 탈퇴하고 유로화 대신 파운드를 다시 사용하게 되면서 새로운 50파운드 지폐 초상 인물로 앨런 튜링을 선정했다. 우리나라 지폐에 나오는 인물을 생각해 보면 영국에서 앨런 튜링을 얼마나 높이 평가하는지 알 수 있는 대목이다.

현재 앨런 튜링은 전산학의 아버지, AI의 아버지, 컴퓨터 과학의 아버지라는 여러 이름으로 불린다. 이러한 튜링의 업적을 기려 컴퓨터계의 노벨상으로 불리는 튜링상을 1966년부터 수여하고 있다.

2) RSA 암호

통신이 발전하면서 현대사회에서 통신의 용도가 다양화되고 있다. 인터넷으로 이루어지는 일상생활이 많아지면서 개인 재산, 개인 정보를 보호하기 위한 암호화 기술이 크게 발전하게 되었다. 대칭키 암호(symmetric−key algorithm)는 잠그는 키와 여는 키가 같거나 쉽게 유추할 수 있는 방식으로 암호화와 복호화가 빠르고, 데이터양이 적게 생산된다는 장점이 있지만 여는 키와 잠그는 키 중 어느 하나가 유출될 경우 다른 하나도 쉽게 유출될 수 있어 위험성이 크다. 또, 통신을 사용하는 모든 사람에게 키를 나눠 가져야 한다는 분배에 어려움이 있고 서로 완벽하게 보안을 유지하며 통신을 해야 한다. 반면에 비대칭키 암호(asymmetric−key algorithm)는 공개 키와 개인 키가 서로 수학적으로 연결되어 있지만 그 관계를 유추하기 어려운 방식으로 알고리즘이 복잡하고 데이터양이 많이 생산되어 속도가 느리고 많은 양을 암호화하거나 복호화하기가 어렵다. 하지만 여는 키와 잠그는 키가 다르므로 여는 키를 공개하여 공개된 키는 누구나 알 수 있지만 개인 키는 키의 소유자만이 알 수 있어야 한다. 이러한 문제를 해결하고자 사용자들이 키를 알지 못해도 공개키를 공개하여 안전하게 통신할 수 있도록 하는 비대칭키 암호방식 많이 사용되고 효율성을 위해 대칭키로 데이터를 암호화하고 비대칭키로 대칭키를 공유하는 방식을 사용하는 게 일반적이다.

1977년 미국 잡지 『사이언티픽 아메리칸(Scientific American)』에는 다음 숫자를 소인수분해하면 100달러를 주겠다는 현상 퀴즈가 실렸다.

$N=$ 114,381,625,757,888,867,669,235,779,976,146,612,010,218,296,
721,242,362,562,561,842,935,706,935,245,733,897,830,597,123,
563,958,705,058,989,075,147,599,290,026,897,543,541

이 문제는 매사추세츠 공과대학(MIT)의 레너드 에이들먼(Leonard Adleman), 론 라이베스트(Ron Rivest), 아디 셔마이어(Adi Shamir)가 낸 문제이다.

이들은 어느 두 개의 소수가 주어졌을 때 그 두수의 곱을 구하는 건 쉽지만 큰 수가 주어졌을 때 그 수가 어느 두 수의 곱인지 구하는 것은 어렵다는 것을 착안하여 새로운 암호체계를 발표하였다. 이 알고리즘의 이름이 세 사람 이름의 첫 글자를 딴 RSA 알고리즘이다. 위 문제는 자원자를 모집하여 4명의 수학자와 600명의 지원자가 1,600대의 워크스테이션급의 컴퓨터와 개선된 소인수분해 알고리즘을 이용하여 8개월 만에 풀었다고 한다.

후에 이들은 자신들이 만든 숫자 RSA−896, RSA−1024, RSA−1536, RSA−2048를 소인수분해하는 사람에게 상금 20만 달러를 걸었지만, 현재 상금은 없어진 상태이다. 참고로 RSA−2048은 617자리의 수이다.

RSA 암호는 소인수분해에 기초한 암호로 전자화폐, 전자주민등록증 등 대개는 RSA 암호를 사용한다.

컴퓨터의 성능이 우수해지면서 연산속도도 과거보다 빨라지고 있다. 노벨물리학상 수상자인 파인만(Richard P. Feynman)은 반도체 컴퓨터를 사용하는 대신 양자를 이용하는 컴퓨터를 생각해낸다. 이것이 양자컴퓨터 아이디어의 시작이다. 이러한 개념은 베넷(Charles Bennett), 랜다우어(Rolf Landauer)에 의해 기초가 만들어졌다. 반도체에서는 전류나 전압에 따라 0과 1을 구분하는 방식이지만 양자컴퓨터에서는 원자, 전자, 광자와 같은 양자의 상태에 따라 0과 1을 구분하는 큐빗(qubit) 개념을 사용한다. IBM의 쇼어(Peter W. Shor)는 쇼어 알고리즘을 개발하였는데 아주 높은 확률로 소인수 분해할 수 있다. 양자컴퓨터가 양산되고 쇼어 알고리즘이 보완되면 RSA 암호는 쉽게 해독될 걸로 예측하고 있다.

3) 양자암호(Quantum Cryptography)

정보통신기술이 빠른 속도로 발전하고, 자율주행, 인공지능기술로 인해 정보에 대한 중요성이 훨씬 더 커질 것이다. 양자컴퓨터가 적어도 20년 후면 구현될 것으로 예상하지만 이보다 더 빨리 구현될 가능성이 있다. 현재 RSA와 같은 정수론을 기반으로 한 보안체제가 무너질 수 있다는 우려를 하게 됨에 따라 이를 대체할 수 있는 양자암호 방식이 연구되고 있으며 일부는 성공하기도 하였다. 양자암호 기술은 하이젠베르크의 불확정성원리를 응용한 암호화방식으로 중첩상태에 있는 양자는 0과 1을 동시에 취하고 있는데 이를 외부에서 한 번이라도 관측하게 되면 0또는 1로 결정되어 버리는 성질을 이용한 기술이다. 이 성질을 이용하면 양자비트의 상태 변화에 따라 도청 여부를 알 수 있는데 제삼자가 도청을 하면 정보를 탑재하고 있는 양자상태가 달라져 도청 사실을 확인할 수 있다. 현재의 암호체계가 수학 정수론에 기반을 둔 것에 비해 양자암호는 물리의 양자역학을 기반으로 한다.

양자암호를 사용할 경우 해킹단계에서 시스템이 알고 원천 봉쇄할 수 있어 가장 안전한 보안체제로 국가 수준에서 앞다퉈 연구가 진행되고 있다.

책을 마치며

철학자 칸트는 행복 조건으로 다음의 세 가지를 말하였다. 어떤 일을 하고 있을 것, 어떤 사람을 사랑할 것, 그 어떤 일에 희망을 품을 것.

30년 넘게 교직 생활을 하면서 늘 마음속에 기회가 되면 책을 써야 겠다고 생각하였다. 그동안 여유가 없어 엄두를 못 냈던 일이 올해 운명처럼 기회가 찾아왔다.

하고 싶은 일을 한다는 것에 즐거운 마음으로 시간 가는 줄 모르고 행복하게 작업에 임하였다. 이런 기회를 주신 단비 출판사 사장님께 감사의 인사를 드린다.

아이들에게 30년 넘게 수학을 가르치면서 느끼는 것은 해가 거듭될 수록 수학 학습 능력이 예전 학생들에 비해 현저하게 떨어진다는 것이다. 최근엔 한해가 바뀔 때마다 학생들의 학습 능력이 눈에 보이게 차이가 난다. 자유학기제, 코로나로 인한 원격수업 영향이 너무나 크다는 것이 현장에서 많은 선생님이 느끼는 공통된 생각일 것이다.

수포자(수학을 포기한 사람)라고 스스로 인정하는 학생이 점점 많아진다. 그런 학생들을 차근차근 지도하다 보면 바닥이 어디까지인지 모르겠다는 생각이 든다. 고등학교에서 나름대로 마음먹고 수학 공부를 한 학생이 고등학교 과정은 잘 풀고 뒤에 풀이하는 과정에서 초등학교나 중학교 1~2학년 수준의 계산을 틀리는 학생도 적지 않다.

그러면, 수학이 어려운 과목인가? 전혀 그렇지 않다고 생각한다. 다만 어려서부터 수학 공부를 할 때 듣고 이해하는 걸 중심으로 학습하는 것보다는 스스로 생각하고 스스로 풀어보면서 답을 구하는 과정이 중요한 데 이런 과정이 많은 학생에게 생략되어 있다.

이 책의 내용은 전에 근무했던 학교에서 지적 호기심이 높은 학생들을 대상으로 스스로 학습하게 했던 내용과 수학에 흥미가 없는 학생들도 수학사에 얽힌 에피소드를 통하여 수학에 조금이나마 친숙하게 다가가면 좋겠다는 생각을 가지고 책 내용을 구성하였다.

또, 중학생이지만 수학에 관심을 가진 학생이 접하게 된다면 수학의 또 다른 재미를 찾는 좋은 기회가 될 것이다.

문제구성은 수학에 흥미와 관심이 있는 학생들 대상으로 고등학교 교육과정에 연계가 되지만 좀 더 발전된 문제로 흥미를 갖고 관련된 내용을 찾아보며 학습할 수 있는 내용으로 하고자 노력하였다.

부족하거나 잘못된 내용이 있을 수 있지만 수학을 좋아하는 사람들에게 조금이나마 도움이 된다면 그것으로 만족하다.

그리고 항상 자신보다 남편을 챙기느라 고생이 많은 아내에게 이 책을 바친다.

2022년 10월
은행잎 노랗게 물든 문막에서 이강섭